安徽省水鸟疫源疫病监测指南

凌化矾　赵　凯　石水琴 ◎ 主编

中国林业出版社
China Forestry Publishing House

审图号：皖S(2024)2号

图书在版编目(CIP)数据

安徽省水鸟疫源疫病监测指南 / 凌化矾, 赵凯, 石水琴编著.
-- 北京：中国林业出版社, 2024.3
ISBN 978-7-5219-2409-1

Ⅰ.①安… Ⅱ.①凌… ②赵… ③石… Ⅲ.①水生动物－鸟
类－动物疾病－疫情管理－安徽－指南 Ⅳ.①S858.9-62

中国国家版本馆CIP数据核字(2023)第209283号

策划编辑：唐　杨
责任编辑：李春艳

出版发行：中国林业出版社
　　　　　（100009，北京市西城区刘海胡同7号，电话010-83143579）
电子邮箱：30348863@qq.com
网址：www.forestry.gov.cn/lycb.html
印刷：北京博海升彩色印刷有限公司
版次：2024年3月第1版
印次：2024年3月第1次
开本：787mm×1092mm　1／16
印张：14
字数：305千字
定价：128.00元

《安徽省水鸟疫源疫病监测指南》

编委会

主　　任　张令峰

顾　　问　阮向东　周立志　吴孝兵
　　　　　江红星　朱文中

副 主 任　袁西进　周小春　张　舜

主　　编　凌化矾　赵　凯　石水琴

副 主 编　刘　嵩　谈　凯　宋　婧
　　　　　姜　贺　汪琪莹

参编人员（按姓氏笔画排序）

丁　锐　马建华　王秀珍　朱永可　阳艳芳
李兆黎　杨浩钿　肖秋云　佘诚棋　汪小明
张　宏　易婷婷　钱琪卉　黄　煌　潘　杨

摄　　影（按姓氏笔画排序）

孔德茂　朱英　许杰　汪湜　陈军
武明录　赵凯　胡云程　袁晓　夏家振
黄丽华　董文晓　薄顺奇

前 言

习近平总书记指出："生物安全关乎人民生命健康，关乎国家长治久安，关乎中华民族永续发展，是国家总体安全的重要组成部分，也是影响乃至重塑世界格局的重要力量。"自从2005年青海湖爆发全球首例H5N1亚型高致病性禽流感以来，野生鸟类传播高致病性禽流感病毒的风险引发了大家的广泛关注。水鸟所携带的病原体极其复杂，如病毒、细菌、立克次体、衣原体、寄生虫等。资料表明，许多家禽和人类的疫病，如禽流感、西尼罗河病毒、鹦鹉热、新城疫、鼠疫、口蹄疫、狂犬病、登革热等都可以经水鸟传播。其中最为突出的是雁鸭类的水鸟体内广泛存在着禽流感病毒等。现有研究表明，所有的鸟类都可能携带禽流感病毒，针对水鸟疫源疫病的监测与防控工作迫在眉睫。

监测野生鸟类的种类、数量和活动规律，掌握野生鸟类携带的病原体，发现、报告野生鸟类感染疫病的情况，是监测野生鸟类疫源疫病的重要方式，有助于提前确定传染源、传播途径以及传播范围，从而预测鸟类疫病的危害程度并提前制定合理的防控措施。2005年，国家林业局启动了陆生野生动物疫源疫病监测体系建设，2007年4月下发了《关于明确350个国家级陆生野生动物疫源疫病监测站实施单位和加强体系建设的通知》，后经优化调整，2022年4月国家林业和草原局下发了《关于公布国家级陆生野生动物疫源疫病监测站名单的通知》（林护发〔2022〕25号），全国共设有国家级陆生野生动物疫源疫病监测站720个。

安徽省地跨长江、淮河、新安江三大流域，境内河流纵横交错、湖泊星罗棋布，湿地资源非常丰富，总面积104.18万 hm²，占安徽省土地总面积的7.47%。其中，沿淮和沿江湖泊群为大量水鸟提供了越冬场所，环巢湖湿地也是重要的鸟类迁徙经停地。长距离迁徙的水鸟是疫情传播的重要载体和途径。现有资料表明，安徽省分布的湿地

第一章

水鸟疫源疫病监测防控概述

第一节
疫源疫病的基本概念

一、疫源的基本概念和一般特征

（一）疫源

疫源是指携带危险性病原体，危及野生动物种群安全，或者可能向人类、饲养动物传播的野生动物。具体说疫源就是受感染的动物，包括疫病发病动物和带菌（毒）动物，其体内有病原体寄居、生长、繁殖，并能排出体外。易染性的动物机体可为病原体提供适宜的生存环境和条件，作为疫源将病原体传播给其他动物或人类，病原体也可以存在于外界环境中，但外界环境因素不适于病原体的长期生存和繁殖，也不能持续排出病原体，因此不能视为疫源。

野生动物受感染后，可以表现为患病和携带病原两种状态，因此疫源一般可分为患病动物和病原携带者两种类型。

（二）患病动物

患病动物指处于不同发病期的动物。处于前驱期和症状明显期的患病动物是重要的疫源，此时所排出的病原体数量大、次数多、传染性强，而临床症状不典型或病程较长的慢性传染病，虽然排出的病原体数量少，但不易被发现，病原体的排出具有长期性和隐蔽性，也是危险的传染源。

患病动物排出病原体的整个时期称为传染期。不同疫病传染期长短不同，各种疫病的隔离期就是根据传染期的长短来制定的。为了控制疫源，对发病动物原则上应隔离至传染期结束为止。

（三）病原携带者

病原携带者指外表无症状但携带并能排出病原体的动物。病原携带者是一个统称，如已明确所携带病原体的性质，也可以相应地称为带菌者、带毒者、带虫者。体内携带细菌者称带菌者；体内携带病毒者称带毒者；体内携带寄生虫者称带虫者。

病原携带者排出病原体的数量一般不及发病动物，但因缺乏症状不易被发现，有时可成为十分重要的疫源。消灭和防止引入病原携带者是疫病防治中的艰巨任务之一，病原携带者一般分为潜伏期病原携带者、恢复期病原携带者和健康病原携带者。

二、疫病的基本概念和一般特征

（一）疫病

疫病是指在野生动物之间传播、流行，对野生动物种群构成威胁或可能传染给人类和饲养动物的具有传染性的疾病。疫病的表现虽然是多种多样的，但也有一些共有特性，可与其他非疫病相区别。

（二）一般特征

1. 疫病是由相应的病原体所引起的

每一种疫病都由其特定的病原体引起，如禽霍乱是由多杀性巴氏杆菌侵入禽鸟体内所致，鸡新城疫是由鸡新城疫病毒侵入禽鸟体内所致。

2. 疫病具有传染性和流行性

从发生疫病的动物体内排出的病原体，侵入另一易感的健康动物体内，能引起同样症状的疾病，称为疫病的传染性。当条件适宜时，在一定时间内某一地区易感动物中可以有许多动物被感染，致使疫病蔓延散播，流行起来，称为疫病的流行性。

3. 被感染动物机体可发生特异性反应

在感染的发展过程中由于受到病原体的抗原刺激，动物机体发生免疫生物学的改变，多数被感染动物可产生特异性抗体和变态反应等，这种改变可以用血清学等特异性反应检查出来。

4. 患传染病耐过的动物能获得特异性免疫

动物耐过某种疫病后，在大多数情况下能产生特异性免疫，使机体在一定时间内或终生不再感染该种疫病。

5. 具有特征性临诊表现

大多数疫病都具有该种疫病特征性的（典型的）综合症状以及一定的潜伏期和病程，根据不同的方法可将疫病分成不同的类型。例如，按病原特性可分为真菌病、细菌病、病毒病、衣原体病、立克次体病和寄生虫病等；按病程长短可分为最急性、急性、亚急性和慢性疫病等。

第二节
水鸟疫源疫病监测面临的形势和任务

监测野生鸟类的活动规律、鸟类数量和种类，掌握野生鸟类携带的病原体，发现、报告野生鸟类感染疫病的情况，是监测野生鸟类疫源疫病的重要方式，有助于提前确定传染源、传播途径以及传播范围，从而预测鸟类疫病的危害程度并提前制订合理的防控措施。在野生鸟类发生的人兽共患病中，对公共安全威胁最大的便是禽流感。2005 年全球暴发的禽流感疫情备受世界关注，候鸟是禽流感病毒的天然储库已被世界公认，我国野生动物疫源疫病监测工作已被提上重要议事日程。

安徽省水鸟种类多，分布区域广，与人类关系密切。随着生态环境的改善和野生动物保护力度的加强，近年安徽省野生水鸟资源逐步增长。由于人类和水鸟的接触范围日渐扩大，可为水鸟的疫病建立更加快捷的传播途径。因此，禽流感等疫病已成为威胁人类健康的重大潜在隐患。

2005 年，国家林业局启动了陆生野生动物疫源疫病监测体系建设，成立了国家林业局野生动物疫源疫病监测总站，2007 年 4 月国家监测总站下发了《关于明确 350 个国家级陆生野生动物疫源疫病监测站实施单位和加强体系建设的通知》（监总字〔2007〕3 号），明确了安徽省设立 10 个国家级监测站。后经优化调整，至 2022 年 4 月国家林业和草原局下发了《关于公布国家级陆生野生动物疫源疫病监测站名单的通知》（林护发〔2022〕25 号），安徽设有国家级监测站 19 个（含挂靠在省监测总站的 1 个）。2006 年安徽省林业厅按照国家林业局的要求，开展了省级监测站申报工作，并于 2007 年 5 月下发了《关于公布野生动物疫源疫病监测站实施单位和加强体系建设的通知》（林保动〔2007〕30 号），明确了安徽省设立 42 个省级监测站。为加强全省陆生野生动物疫源疫病监测防控工作，2020年 3 月安徽省林业局成立了安徽省野生动物疫源疫病监测总站（正处级建制），承担安徽省陆生野生动物疫源疫病监测防控等技术支撑性工作。2021 年按照国家林业和草原局的要求，安徽省林业局开展了"安徽省陆生野生动物疫源疫病监测管理机构信息"核查登记，核定了安徽省设有省级陆生野生动物疫源疫病监测站 41 个。全省各级监测站，坚持关口前移，积极发挥前沿哨卡作用，加强日常巡护，全面提升了安徽省陆生野生动物疫源疫病监测防控水平，近年来全省未发生重大陆生野生动物疫情。

一、疫源和疫病种类多

我国是世界上野生动物资源最为丰富的国家之一，有兽类 694 种、鸟类 1507 种、爬行类 626 种、两栖类 649 种。其中，野生鸟类特别是水鸟作为疫病的自然宿主，在病毒的感染和传播方面扮演着重要角色。在我国一共分布有水鸟 296 种，隶属于 11 目 29 科[①]。自 2005 年，中国青海湖野鸟群暴发 HPAI H5N1 病毒并导致大量野鸟死亡，野生鸟类传播高致病性禽流感病毒的风险引发了大家的广泛关注。自然界中携带病毒的鸟类很多，已发现的有一百余种，并推断所有鸟类均可感染禽流感病毒，其中水鸟是禽流感病毒主要的天然储库。因为禽流感病毒对热的稳定性因毒株不同而不同，有的比较敏感，对低温抵抗力较强，对冻融作用较稳定，能在冰冻的湖水中安全越冬，所以以监测禽流感为主的野生动物疫源疫病监测工作重点时期应是每年的 10 月至翌年 4 月，其中秋季监测的重点物种依次为鹳鸻类、雁鸭类、鹭类。12 月下旬至翌年 2 月监测的重点物种是在安徽越冬的野生水鸟，主要为雁鸭类。翌年 2～4 月监测的重点物种次序为鹭类、雁鸭类和鹳鸻类。

水鸟所携带的病原体极其复杂，如病毒、细菌、立克次体、衣原体、寄生虫等，形成一个庞大的天然病原体库。资料表明，许多家禽和人类的疫病，如禽流感、西尼罗河病毒、鹦鹉热、新城疫、鼠疫、口蹄疫、登革热等都可经水鸟传播。其中最为突出的是雁鸭类的水鸟体内广泛存在着禽流感病毒等。据统计，在已知的 1415 种人类病原体中，62% 是人兽共患的，在畜禽身上发现的病原体中，77% 都与其他宿主物种共有，而至今尚未发现的人兽共患病病原体的种类、数量，更是难以估计，这些疫病不仅可以直接或间接传播给人和畜禽，还可反向传播，实现在水鸟、家禽、人类间的跨界传播甚至循环传播和扩散蔓延，监测防控十分困难。

二、野生动物疫病危害大

(一) 对公共卫生的危害

野生动物是人兽共患病的主要宿主和传播媒介，这些疫病可造成巨大危害和损失。20 世纪 50、60 年代暴发的两次流感都源自禽流感，并导致 175 万人死亡。2013 年 3 月，我国暴发了人感染 H7N9 禽流感疫情，截至 2013 年 7 月 31 日，我国内地共报告 133 例人感染 H7N9 禽流感确诊病例，至 2015 年 1 月，死亡 44 人，分布于上海、浙江、江苏等 11 省（自治区、直辖市）的 41 个地市。世界卫生组织提出，H5N1 亚型高致病性禽流感病毒（HPAIV）对人类健康的影响受到了极大的关注基于以下两个原因：一是在 1997 年香港发

[①] 兽类物种数参考《中国兽类分类与分布》(魏辅文，2022)；鸟类物种数参考《中国鸟类分类与分布名录（第四版）》(郑光美，2023)；爬行类物种数参考《中国生物物种名录 2023 版》(http://www.sp2000.org.cn)；两栖类物种数参考中国两栖类网站 (http://www.amphibiachina.org/)；中国水鸟物种数参考《中国水鸟的物种多样性及其国家重点保护等级调整的建议》(刘金 等，2019) 安徽省鸟类物种数参考《安徽鸟类图志》(吴海龙和顾长明，2017)。

生的禽流感疫情中，发现禽流感病毒在人群中传播并导致严重疾病，死亡率近 60%；二是 H5N1 亚型病毒有可能发展成引发流感大流行的毒株，对全球的公共卫生安全构成严重的威胁。

（二）对畜禽养殖的危害

根据联合国粮农组织（FAO）统计，自 2003 年年底至 2006 年年初，因禽流感疫情暴发，约有 2 亿只家禽被宰杀或死于禽流感。仅在欧洲，禽流感的蔓延已给当地禽类养殖业造成 420 亿美元的损失。2005 年，我国因高致病性禽流感发病家禽 16.31 万只，死亡禽类 15.46 万只，捕杀家禽 2257.12 万只，国家财政补偿 2 亿多元。2012 年，墨西哥因 H7N3 亚型高致病性禽流感疫情，宰杀家禽近 2000 万只，经济损失达 46 亿比索（约合 3.5 亿美元）。2013 年 H7N9 禽流感疫情发生以来，家禽业遭受重大冲击，广大养殖场（户）损失巨大。据中国畜牧业协会测算，截至目前家禽养殖业损失已超 400 亿元。源自非洲的非洲猪瘟，发病率和死亡率高达 100%，目前尚无有效疫苗。据世界动物卫生组织（OIE）统计，截至 2012 年年底，全球共有 48 个国家报道发生过非洲猪瘟疫情。目前，该疫情在俄罗斯南部和北高加索地区不断加剧，并呈继续扩散蔓延态势，2011 年，俄罗斯因非洲猪瘟疫情造成 30 万头家猪死亡，带来经济损失约 2.4 亿美元。又如口蹄疫，在一个新的流行地区，牛的发病率可达 90%～100%，但病程一般呈良性经过，成年牛致死率为 3%～5%，而犊牛致死率可达 50%～70%。英国在 1922—1924 年大规模暴发了口蹄疫，共捕杀了 27.3 万头家畜，其中，牛 13.6 万头、羊 7.6 万头、猪 6.1 万头。

（三）对野生动物的危害

2005 年 5～6 月，我国青海省青海湖发生候鸟大量死亡，经国家禽流感参考实验室确诊为 H5N1 亚型禽流感病毒所致，造成斑头雁、棕头鸥、渔鸥等 6000 多只候鸟死亡。这起疫情是我国乃至世界历史上第一次正式记载候鸟因感染高致病性禽流感而大批死亡。截至目前，已有斑头雁 Anser indicus、棕头鸥 Larus brunnicephalus、渔鸥 Larus ichthyaetus、普通鸬鹚 Phalacrocorax carbo、赤麻鸭 Tadorna ferruginea、黑颈鹤 Grus nigricollis、红脚苦恶鸟 Amaurornis akool、灰喜鹊 Cyanopica cyanus、灰背伯劳 Lanius tephronotus 等 129 种野生鸟类因感染高致病性禽流感病毒死亡。

三、国内外野生动物疫源疫病监测

（一）国外野生动物疫源疫病监测

随着高致病性禽流感在世界各地的暴发，世界各国加强了对野生鸟类尤其是迁徙鸟类的监测工作。为了保护美国家禽业，美国农业部（USDA）从 1998 年开始在阿拉斯加候鸟迁徙路径上监测迁徙鸟类。2000 年开始，USDA 开始在大西洋迁徙路径上监测迁徙鸟类，并于 2005 年夏天增加了对太平洋迁徙路径上的候鸟监测。有关加强对野鸟等野生动物监测工作的建议已经获得了欧亚各国的广泛认同。2006年，联合国粮农组织发起了一个候鸟迁徙跟踪计划，以确定候鸟在禽流感病毒传播中所起的作用。

（二）国内野生动物疫源疫病监测

为了切断野生水禽和家禽的接触机会，降低HPAIV的发生机率，2005年3月，国家林业局启动了全国陆生野生动物疫源疫病监测体系建设，颁布了《陆生野生动物疫源疫病监测防控管理办法》（国家林业局令2013第31号），发布了《陆生野生动物疫源疫病监测技术规范》（LY/T 2359—2014）。目前，全国已建立了720个国家级和近2000个省级野生动物疫源疫病监测站点。陆生野生动物疫源疫病监测的主要任务是通过对野生动物疫源疫病进行严密监测，及时准确掌握野生动物疫源疫病的发生及流行状态。2005年年底，国家林业局成立陆生野生动物疫源疫病监测总站，标志着我国有组织的野生动物疫源疫病监测工作的开始。随后，各省（自治区、直辖市）纷纷依托原有的野生动物保护、野生动物救护、森林病虫害防治站及鸟类环志管理单位等构建各地的陆生野生动物疫源疫病监测管理机构。随着各地在鸟类迁徙通道、野生动物集中分布等区域建立陆生野生动物疫源疫病监测站点，在《陆生野生动物疫源疫病监测技术规范》（LY/T 2359—2014）指导下开展监测，我国的陆生野生动物疫源疫病监测网络开始运行。水鸟作为重要的野生动物，其疫源疫病监测工作也相应展开。

安徽省野生动物疫源疫病监测总站自开展工作以来，坚持以全省陆生野生动物监测预警防控为首要任务，以鸟类禽流感、野猪非洲猪瘟、翼手目冠状病毒为溯源对象，以开展全省陆生野生动物疫源疫病本底资源调查、监测巡护、业务指导、人才培养、科普宣传等为工作重点，以构建体系健全、运转高效的全省陆生野生动物疫源疫病监测防控体系为抓手，先后开展了安徽淮河、长江、新安江流域越冬水鸟重点栖息地调查，野猪非洲猪瘟重点区域监测、翼手目重点栖息地调查，为有效监测提供了科学依据；连续开展越冬水鸟禽流感样品采集与初检，初步实现了监测与预警同步；分别在安徽扬子鳄保护区国家级监测站、安徽蚌埠国家监测站建立了省级应急物资储备库；举办陆生野生动物疫源疫病监测巡护与应急处置技术培训班，培训基层技术人员600余人次；每年开展50余场，以"保护野生动物，关注生物安全"为主题的进社区、进校园科普宣传活动。

第三节
水鸟疫病的种类

鸟类疫病按病原分类主要有病毒性传染病、细菌性传染病、衣原体病以及寄生虫病等。

一、病毒性传染病

病毒性传染病主要有禽流感、冠状病毒感染、新城疫、禽痘、鸭瘟、东部马脑炎、西尼罗病毒感染、网状内皮增生病毒感染等。

（一）禽流感（avian influenza）

禽流感是由禽流感病毒引起的鸟类急性、高度接触性传染病，以前也称为鸡瘟、真性鸡瘟或欧洲鸡瘟，以区别于新城疫。依流感病毒株不同，表现出不同的临床类型，如隐性感染、轻度呼吸道感染或高度致死性败血症。禽流感为一类传染病。

1. 病原

流行性感冒病毒（influenza virus），简称流感病毒，流感病毒能感染许多种类的家禽和野禽，有些种类家禽或野禽不发病或仅表现轻微的临床症状，属于正黏病毒科（Orthomyxoviridae）A 型流感病毒属。最新资料表明，正黏病毒科可分为 4 个属，即 A 型流感病属（*Influenzavirus* A）、B 型流感病毒属（*Influenzavirus* B）、C 型流感病毒属（*Influenzavirus* C）和托高土病毒属（*Thogotovitus*）。

根据禽流感病毒的毒力强弱，将其分为高致病性毒株和低致病性毒株两大类。截至目前，发现高致病性的禽流感毒株均为 H5 和 H7 亚型。流感病毒对外界环境的抵抗力不强，对温热、紫外线、酸、碱、有机溶剂等均敏感，但耐低温、寒冷和干燥。当有分泌物、排泄物（如粪便）等有机物保护时，病毒于 4℃可存活 30 天以上，在羽毛中可存活 18 天，在骨髓中可存活 10 个月。病毒在冰冻池塘中可以越冬。一般使用消毒剂和其他消毒方法，如 0.1% 新洁尔灭溶液、1% 氢氧化钠溶液、2% 甲醛溶液、0.5% 过氧乙酸溶液等浸泡以及阳光照射、60℃加热 10min、堆积发酵等均可将其杀灭。

2. 流行病学

目前已在 10 多个目 100 余种野鸟体内分离出了禽流感病毒，预计人们已知的受感染的鸟类物种还不到现存鸟类物种的 1%，人为活动也可能会导致更多的鸟类物种受到感染。鹦鹉可能与已经感染禽流感病毒的鸟混养而受到感染，部分雀形目鸟类如喜鹊、乌鸦、八哥和麻雀等可能与家禽密切接触而受到感染。同时，受感染的鸟类大部分具有迁徙行为，这可能是引起不同宿主间病毒流行差异的重要因素。另外，禽类的其他生活习性，比如摄食行为，也可能导致不同宿主间的病毒流行差异。

3. 传播途径

主要包括：① 通过已携带或感染禽流感病毒的家禽或鸟类引起其他种别的禽类或鸟类感染禽流感病毒。② 通过野生鸟类，特别是迁徙的水禽等候鸟将禽流感病毒传播给家禽或其他鸟类。明尼苏达州的研究结果表明，火鸡禽流感的发病在空间和时间上常和迁徙水禽有一定的关联。③ 从哺乳动物传染给家禽或鸟类。有报道称在火鸡体内检测到猪源流感病毒，可能是机械性或由感染该流感病毒的人将病毒从猪传染给火鸡。

根据研究发现，水鸟等水禽中流感病毒的传播以粪口途径为主，不同物种的鸟类之间保持流感病毒传染性的时间是不同的，这也与病毒感染的严重程度有关。

4. 发病时间

禽流感一年四季都可发生，但以晚秋和冬春寒冷季节多见，阴暗、潮湿、过于拥挤、营养不良、卫生状况差、消毒不严格、寄生虫侵袭等都可促使此病的发生或加重病情。当存在其他传染病流行时，可加重禽流感造成的损失。此病常突然发生、传播迅速，呈地方性流行或大流行形式，当鸡和火鸡受到高致病力毒株侵袭时，死亡率极高。

5. 发病症状

禽流感的临床症状极为复杂，根据禽的种类（鸡、火鸡、鸭、鹅及野鸡等）以及感染病毒的亚型类别不同，表现为甚急性、急性、亚急性及隐性感染等。家禽中以鸡、火鸡最为易感，鸭、鹅和其他水禽的易感性较低，鸽的自然发病不常见，某些野禽也能感染。急性病例表现为呼吸系统、消化系统或神经系统的异常，体温迅速升高达41.5℃以上，拒食，并且病鸡很快陷入昏睡状态，冠与肉髯常有淡色的皮肤坏死区，鼻有黏液性分泌物，头、颈常出现水肿，腿部皮下水肿、出血、变色，病程往往很短，常于症状出现后数小时内死亡，死前不久体温常降到常温以下，病死率有时接近100%，有的病例可以表现出轻微的呼吸道症状或体重减轻、产蛋下降等症状。

6. 病变特征

头面部、肉垂和鸡冠浮肿，皮下胶样浸润和出血，心包积水、心外膜有点状或条状出血点，心肌软化，腺胃黏膜出血，脾脏、肝脏肿大出血，肾脏肿大，法氏囊水肿呈黄色。火鸡和鸡最显著的病变是卵巢卵泡畸变、发育停滞、出血变形和坏死，严重的出现萎缩，有不同程度的气囊炎。

7. 诊断方法

（1）初步诊断

根据此病的流行特点、临诊表现和病理变化可作出初步诊断。

（2）样本采集

病料采集部位：内脏器官、气管黏液、肺、泄殖腔拭子、血液等。

• 病毒分离材料：拭子和脏器。

用不同大小的棉拭子擦拭气管或泄殖腔，尽量插到深部以取得大量的病料，然后将拭子放入灭菌的保存液（25%～50% 甘油盐水、肉汤或每毫升含 1000IU 青霉素和 10mg 链霉素的 PBS 或 Hanks 液）中。若将于 48h 内进行试验，则可将材料保存于 4℃ 条件下，否则应在低温条件下保存。病料的采取时间很重要，一般应在感染初期或发病急性期采取，如转为后期则因机体已形成足够的抗体而不易分离出病毒。

• 血清：取间隔 2～3 周，发病期和恢复期双份血清。

（3）实验室检验

• 病原分离和鉴定：病料处理后接种 9～11 天鸡胚尿囊腔或羊膜腔，培养 5 天后取尿囊液作血凝试验，如阳性则证明有病毒繁殖，再以此材料作补体结合试验（决定型）和血凝抑制试验（决定亚型）。初代尿囊液血凝阴性时，可再盲传二代，如仍无血影即可判断为阴性。

• 血清学检查：血清学检查是诊断流感重要而特异的方法。常用的有琼脂扩散实验、血凝抑制试验和神经氨酸酶试验等。如恢复期的血清效价高于急性期 4 倍以上，才能确诊。

（二）冠状病毒（Coronaviruses，CoV）

20 世纪 60 年代，人类冠状病毒 229E（Human coronavirus 229E，HCoV-229E）开始流行并被人们发现。冠状病毒是有包膜的单股正链 RNA 病毒，是目前已知的 RNA 病毒中基因组最大的一种病毒。

1. 病原

冠状病毒是一种有膜包被的，单股正链 RNA 病毒，囊膜上分布有棒状纤突蛋白（Spike protein，S）、膜蛋白（Membrane protein，M）、小膜蛋白或包膜糖蛋白（Envelope glycoprotein，E）、血球凝集素蛋白（Hemagglutinin，HE）等病毒内部为核衣壳蛋白（Nucleoprotein，N）与一条正链 RNA 的结合体。在国际病毒分类委员会（International Committee on Taxonomy of Viruses，ICTV）的分类中，冠状病毒属于套式病毒目（Nidovirales）冠状病毒科（Coronaviridae）冠状病毒亚科（Coronavirinae）。冠状病毒亚科目前分为 4 个属，分别为 α 冠状病毒属（Alphacoronavirus，α-CoV）、β 冠状病毒属（Betacoronavirus，β-CoV）、γ 冠状病毒属（Gammacoronavirus，Y-CoV）及 δ 冠状病毒属（Deltacoronavirus，δ-CoV）。

在禽鸟中发现的冠状病毒主要属于 γ 冠状病毒属及 δ 冠状病毒属，这两个属的自然宿主被认为是野生鸟类。γ 冠状病毒属中目前被 ICTV 认可的种有禽冠状病毒（Avian coronavirus）、禽冠状病毒 9203（Avian coronavirus 9203）、鹅冠状病毒 CB17（Goose coronavirus CB17）、白鲸冠状病毒 SW1（Beluga whale coronavirus SW1）和鸭冠状病毒 2714（Duck coronavirus 2714，DCUK2714），其中禽冠状病毒及禽冠状病毒 9203 主要指 IBV 及 IBV 变种，而白鲸冠状病毒是 γ 冠状病毒属中唯一一种哺乳动物冠状病毒。δ 冠状病毒属中的病毒是一类新发现并命名的冠状病毒，目前由 ICTV 命名并认可的种有 7 个，

分别为赤颈鸭冠状病毒 HKU20（*Wigeon coronavirus* HKU20）、文鸟冠状病毒 HKU13（*Munia coronavirus* HKU13）、普通水鸡冠状病毒 HKU21（*Common moorhen coronavirus* HKU21）、冠状病毒 HKU15（*Coronavirus* HKU15）、夜莺冠状病毒 HKU11（*Bulbul coronavirus* HKU11）、绣眼鸟冠状病毒 HKU16（*White-eye coronavirus* HKU16）及夜鹭冠状病毒 HKU19（*Night-heron coronavirus* HKU19）。除此之外，δ 冠状病毒属中暂时还未被 ICTV 认可的还包括鸽冠状病毒、鸥冠状病毒、企鹅冠状病毒、哺乳动物狸猫冠状病毒等。

2. 流行病学

鸟类可能是 CoV 在自然界中的生存和传播中发挥重要作用的一环，虽然冠状病毒广泛存在于几种野生鸟类中，但是全球野生鸟类中冠状病毒流行率的数据却很少。某些国家或地区的野生鸟类物种通过一条或多条鸟类迁徙路线联系在一起，这可能会促进本地冠状病毒向全球野生鸟类和其他动物种群的传播。据相关研究报道，来自除南极洲以外所有大陆的野生鸟类均可携带冠状病毒。在所研究的国家中发现的具有不同类型冠状病毒的主要野生鸟类是雁形目（Anseriformes）、鸽形目（Columbiformes）、鹈形目（Pelecaniformes）、鸡形目（Galliformes）、雀形目（Passeriformes）、鹦鹉目（Psittaciformes）、鹰形目（Accipitriformes）、鹳形目（Ciconiiformes），在波兰野生鸟类种群中冠状病毒的流行率为 4.15%，主要宿主是雁形目和鸡形目鸟类，伽玛冠状病毒的检测率高于三角冠状病毒检测率。伽玛冠状病毒主要在雁形目、鸽形目、鸡形目等鸟类中检出，表明此病毒宿主范围较广。

截至 2020 年，已在 15 目 30 科 108 种野生鸟类中发现冠状病毒。这些病毒经常被发现于雁形目（Anseriformes）、鸻形目（Charadriiformes）、鹈形目（Pelecaniformes）和鲣鸟目（Suliformes）等水鸟，与人类密切接触的有鸡形目（Galliformes）、鸽形目（Columbiformes）和雀形目（Passeriformes）（Chu et al.，2011；Wille et al.，2020）。2018 年在湖南省 415 只野生鸟类的粪便样本中鉴定出 8 份来自喜鹊（*Pica pica*）的 Delta-CoV 阳性样本，通过贝叶斯系统地理学分析表明，中国南部沿海地区可能是我国内陆地区禽类 Delta-CoV 的潜在来源（Wang et al.，2021）。家禽冠状病毒在抗原上相似，系统遗传学上相关，野鸟和家禽的接触产生交叉感染风险增加。

3. 发病症状

感染冠状病毒后，宿主可表现为无症状、轻度症状或重度症状乃至死亡，这主要取决于宿主的种类和病毒类型。

研究表明野生鸟类中存在的冠状病毒一般呈现无症状或轻微症状，有研究表明冠状病毒会引起灰雁体重下降。患病禽类中主要表现为咳嗽、喷嚏和气管啰音，幼禽感染后持续流涕，肾型病禽表现为肾肿大、苍白，典型尿酸盐沉积。

4. 病变特征

不同种属的冠状病毒对动物的感染性存在差异，导致患病动物出现不同的病理学特征。感染后的禽类病理特性主要出现在肾、输尿管、气管和肺脏。气管损伤表现为纤毛全部脱落，气管黏膜上皮细胞层增厚，毛细血管扩张充血、出血，存在炎性细胞浸润；肺部表现为肺泡壁毛细血管充血，肺泡腔内呈均质淡红色、结构完全消失，支气管周围形成局灶性炎症；心脏呈颗粒变性且心肌横纹消失；输尿管上皮细胞肿胀，输尿管和集合管管腔内有大量尿酸盐沉积；肾病变表现为肾小管上皮细胞肿胀、胞质内存在红色颗粒、核浓缩或碎裂。

5. 诊断方法

（1）初步诊断

根据此病的流行特点、临诊表现和病理变化可作出初步诊断。

（2）样本采集

病料采集部位：主要包括口腔、泄殖腔拭子、粪便样本以及病死鸟的组织样本。①用不同大小的棉拭子擦拭气管或泄殖腔，尽量插到深部以取得大量的病料，然后将拭子放入灭菌的保存液中。若将于48h内进行试验，则可将材料保存于4℃条件下，否则应放在低温条件下保存。②用灭菌注射器从水鸟的心脏或翅静脉采血2mL，注入灭菌的1.5mL离心管中摆成斜面，待血液凝固血清析出后，将血清吸出注入另一个灭菌试管中备用。

（3）实验室检验

由于在野生样本中采集到的病毒含量较低，往往需要通过实验室培养以达到病毒分离与鉴定的目的。然而对于野鸟冠状病毒的研究还缺乏具体的病毒培养与分离方案。冠状病毒的细胞培养目前使用的细胞系有鸡胚肾细胞系、Vero细胞系等，但这些细胞对野鸟冠状病毒的增殖效率尚不明确。

对于病毒的检测主要有三种方法：①血清学检测法。该方法包括ELISA实验、病毒中和试验和血凝抑制试验。② PCR检测法。采用分子检测方法能弥补数据量少、分离培养周期长、成本过高等不足，并具有快速实时监测、灵敏等优点。该方法可用于野鸟咽拭子、肛拭子及粪便样本的检测，相对于血清学方法来说更加方便和准确。③病毒的全基因组测序法。该方法主要通过二代测序平台无差别地测定野生鸟类中存在的各类病毒，测序成功率较高，所得序列较长，可信度高。

（三）新城疫（newcastle disease，ND）

新城疫是一种由新城疫病毒引起的急性、高度接触性、致死性传染病，能导致禽类呼吸道、消化道和神经系统损伤，是严重危害世界各地养禽业的重要疫病之一，是由病毒引起的在鸡和火鸡急性高度接触性传染病，常呈败血症症状，主要特征是呼吸困难、下痢、神经紊乱、黏膜和浆膜出血。

1. 病原

新城疫病毒（newcastle disease virus，NDV）属于副黏病毒科（Paramyxoviridae）腮腺炎病毒属 *Rubulavirus*，NDV又称副黏病毒1型（avian paramyxovirus-1，APMV-1），是一种单股、负链、不分节段的RNA病毒。病毒对外界物理因素的抵抗力较其他病毒稍强，在未经消毒的密闭鸡舍内，经秋、冬、春3季连续8个月仍有传染作用，鸡粪中的病毒经日光直射72h才能被杀死，病毒对乙醚、氯仿敏感；在60℃环境中30min可失去活力，真空冻干病毒在30℃环境中可保存30天；在直射阳光下，病毒经30min死亡。病毒在冷冻的尸体中可存活 6 个月以上。常用的消毒药如 2% 氢氧化钠、5% 漂白粉、70% 乙醇 20min 即可将 NDV 杀死。对 pH 稳定，pH 3～10 范围内不易被破坏。

学术界认为野生鸟类是 NDV 的天然储存库，超过 200 种鸟类不仅能自然感染 NDV，还能呈现隐性带毒状态。病毒颗粒脱落到水环境中有利于病毒的稳定性，且野鸟具有迁徙特性，可远距离传播病毒，所以野生水鸟在 NDV 流行病学中发挥着至关重要的作用。1996—2005 年，在美国、瑞典、丹麦和芬兰陆续分离的 NDV 中，序列同源性分析结果显示，这些病毒来自同一池塘的野鸟。

2. 流行病学

鸡和火鸡最易感，其他多种禽鸟无论是野生的还是人工饲养的都可被感染，如环颈雉、鹌鹑、北椋鸟（燕八哥）、麻雀、鸽类、孔雀、燕雀、乌鸦、鹰类、鸮类、鹦鹉、鸵鸟、犀鸟、鹧鸪、巨嘴鸟、兀鹫、鸬鹚等都能被感染。水禽（如鸭、鹅、天鹅及塘鹅等）虽能感染病毒，但很少引起重病。野生水禽被认为是重要的宿主，可隐性携带病毒。哺乳动物（除个别小型毛皮兽，如水貂外）新城疫感染危害极小，人可感染，表现为结膜炎或类似流感症状。研究者对采集的 130 份野雁（包括豆雁和白额雁）血清样品进行血清学检测，结果显示新城疫病毒的检出率为 45%。此外，有学者报道称白鹈鹕、环嘴鸥、加州鸥、双冠鸬鹚死于新城疫。研究者对自由飞翔的猛禽进行新城疫抗体或病毒检测，结果显示新城疫抗体或病毒呈阳性。有学者认为不同种类的家禽或鸟类对新城疫病毒易感程度不同。鸡和珠鸡科最易感，野鸡、火鸡和鸵鸟次之。

3. 发病时间

此病一年四季均可发生，但以春、秋两季较多。易感鸡群一旦被速发性嗜内脏型鸡新城疫病毒所传染，可迅速传播呈毁灭性流行，发病率和病死率可达 90% 以上。但近年来，由于免疫程序不当，或有其他疾病存在抑制 ND 抗体的产生，常引起免疫鸡群发生新城疫而呈现非典型的症状和病变，其发病率和病死率略低。

4. 发病症状

自然感染的潜伏期一般为 3～5 天，根据临诊表现和病程的长短分为最急性、急性、亚急性和非典型性。

• 最急性：突然发病，常无特征症状而迅速死亡。多见于流行初期，雏鸡易感。

• 急性：由嗜内脏速发型新城疫病毒所致，病初体温升高至 43～44℃，食欲减退或废绝，有渴感，精神高度沉郁，嗜睡，鸡冠及髯渐变暗红色或暗紫色。随着病程的发展，出现比较典型的症状，如咳嗽、呼吸困难、有黏液性鼻漏、头常肿胀、张口呼吸、嗉囊内充满液体内容物，倒提时常有大量酸臭液体从口内流出；粪便稀薄，呈黄绿色或黄白色，有时混有少量血液，后期排出蛋清样的排泄物。

• 亚急性或慢性：由嗜神经速发型新城疫病毒所致。初期症状与急性相似，不久后逐渐减轻，但同时出现神经症状，患鸡翅腿麻痹，跛行或站立不稳，头颈向后或向一侧扭转，常伏地旋转，动作失调，反复发作，半瘫痪，一般 10～20 天后死亡。多发生于流行后期的成年鸡，病死率较低。

• 非典型性：主要发生于免疫鸡群，是由于雏鸡的母源抗体高，接种新城疫疫苗后不能获得较强免疫力或因免疫后时间较长，保护力下降到临界水平，当鸡群内本身存在NDV强毒循环传播，或有强毒侵入时，仍可发生新城疫，症状不是很典型，仅表现呼吸道和神经症状，其发病率和病死率较低，有时在产蛋鸡群仅表现为产蛋量下降。

鸽类感染 NDV 时，其临床诊断症状是腹泻和神经症状，还可诱发呼吸道症状。幼龄鹌鹑感染 NDV，表现为神经症状，死亡率较高，成年鹌鹑多为隐性感染。火鸡和珠鸡感染 NDV 后，一般与鸡相同，但成年火鸡症状表现不明显或无症状。

5. 病变特征

急性新城疫的主要病变是全身黏膜和浆膜出血，淋巴系统肿胀、出血和坏死，尤其以消化道和呼吸道为明显；嗉囊充满酸臭味的稀薄液体和气体；腺胃黏膜水肿，其乳头或乳头间有鲜明的出血点，或有溃疡和坏死。这是比较典型的病变特征。肌胃角质层也常有出血点。肠黏膜有出血点，肠黏膜上有纤维素性坏死性病变，有的形成假膜，假膜脱落后即成溃疡。

亚急性新城疫主要病变是喉头、气管黏膜有较明显的浆液性、黏液性或充（出）血性炎症，出血严重时，整个气管黏膜红染，甚至黏液中带有血液。此外，鼻腔黏液较多，黏膜可能红染，肺有时可见瘀血或水肿。心冠脂肪有细小如针尖大的出血点。

非典型性新城疫，其病变不典型，仅见黏膜卡他性炎症、喉头和气管黏膜充血，腺胃乳头出血少见。

6. 诊断方法

（1）初步诊断

根据此病的流行病学、症状和病变进行综合分析，可作出初步诊断。

（2）样本采集

• 组织标本：从感染后 3～5 天病禽的组织器官、体液和分泌物内，均易分离获得病毒。其中肺、脾、脑内的病毒含量最高，骨髓内含毒时间最长。向诊断实验室寄送标本时，最好割取鸡头，用油纸包扎并于冷藏条件下寄送。

• 拭子：咽拭、肛拭。

• 血清：有条件时采集病禽爆发疑似新城疫急性期（10 天）及康复后期的双份血清。

（3）实验室检验

• 病毒分离：用红细胞凝集试验（HA）和红细胞凝集抑制试验（HI）对所分离的病毒进行鉴定。但应注意病毒分离只有在患病初期或最急性病程中才能获得成功。

• 血清学试验：① 血凝抑制（HI）试验。按常规先测定病毒的血凝价，再做血凝抑制试验，检测血清的凝集抑制抗体的高低。② 空斑减少中和试验。将连续稀释的血清与定量的已知病毒（50～100 个空斑形成单位）混合，孵育、接种于鸡胚成纤维细胞单层上，加覆盖层进行培养。设对照组。一般于 72h 加上第二层带有中性红的覆盖层。24～48h 在适当的光线下观察，根据一定稀释度的血清所减少的空斑数，即可获得血清的中和抗体滴度。此方法是检测中和抗体最敏感的方法。

（四）禽痘（avian pox）

禽痘是一种由禽痘病毒引起的禽类接触传染性疾病，通常分为皮肤型和黏膜型，前者多为皮肤（尤其是头部皮肤）的痘疹，继而结痂、脱落，后者可引起口腔和咽喉黏膜的纤维素性坏死性炎症，常形成假膜，故又名禽白喉，有的病禽两者可同时发生。

1. 病原

痘病毒科脊椎动物痘病毒亚科中与痘病有关的有 5 个属：正痘病毒属（*Orthopoxvirus*）、山羊痘病毒属（*Capripoxvirus*）、禽痘病毒属（*Avipoxvirus*）、兔痘病毒属（*Leporipoxvirus*）、猪痘病毒属（*Parapoxvirus*）。禽痘的病原属于禽痘病毒属，包括鸡痘病毒、鸽痘病毒、火鸡痘病毒、金丝雀痘病毒、鹌鹑痘病毒、麻雀痘病毒等。病毒对干燥有抵抗力，但对消毒药的抵抗力不强，常用的浓度在 10min 内可使之灭活，50℃环境中 30min 和 60℃环境中 8min 可杀死病毒。

2. 流行病学

此病呈世界性分布。鸟类如金丝雀、麻雀、燕雀、鸽、椋鸟等也常发痘疹，但病毒类型不同，一般不交叉感染，常呈良性经过，但继发感染时可造成大批死亡。鸡以雏鸡和中鸡最常发病，其中最易引起雏鸡大批死亡。

3. 发病时间

此病一年四季均可发生，以春、秋两季和蚊子活跃的季节最易流行。拥挤、通风不良、昏暗、潮湿、体表寄生虫、维生素缺乏和饲养管理恶劣，可使病情加重。如有葡萄球菌、传染性鼻炎、慢性呼吸道病等并发感染，可造成大批死亡。

4. 发病症状

潜伏期 4~8 天。根据侵染部位不同，分为皮肤型、黏膜型、混合型。

• 皮肤型：常见于头部皮肤，有时于腿、脚、泄殖腔和翅内侧形成一种特殊的痘疹。常见于冠、肉髯、喙角、眼皮和耳球上，起初出现细薄的灰色麸皮状覆盖物，迅速长出结节，初呈灰色，后呈黄灰色，逐渐增大如豌豆样，表面凹凸不平，干而硬，内含有黄脂状糊块。有时结节很多并互相融合，产生大块的厚痂，致使眼缝完全闭合。

• 黏膜型：病禽委顿厌食，流浆性黏液性鼻液，后转为脓性。眼睑肿胀、结膜充满脓性或纤维蛋白渗出物，甚至引起角膜炎而失明。鼻炎出现后 2~3 天，口腔、咽喉等处黏膜发生痘疹，初呈圆形黄色斑点，逐渐扩散为大片的沉着物（假膜），随后变厚而成棕色痂块，凹凸不平，且有裂缝。痂块不易剥落，强行撕脱，则留下易出血的表面，上述假膜有时伸入喉部。最终可引起呼吸和吞咽困难，甚至窒息而死。

• 混合型：即皮肤、黏膜均被侵害。发生严重的全身症状，继而发生肠炎，病禽有时迅速死亡，有时急性症状消失，转为慢性腹泻而死。

5. 病变特征

除可见的外部病变外，肝、脾和肾常肿大，肠黏膜有出血点，心肌实质变性。组织学检查，见病变部位的上皮细胞内有胞浆内包涵体。

6. 诊断方法

（1）初步诊断

根据皮肤型和混合型禽痘的症状特点，可作初步诊断。单纯的黏膜型禽痘易与传染性鼻炎混淆。必要时进行病原学检查、动物接种及血清学检查。

（2）样本采集

• 病料：用灭菌的剪刀或镊子切取病变部，深达上皮组织，以新形成的痘疹最好（此组织可作超薄切片检查，也可研磨取上清用作负染电镜检查）。分离病毒时，将病变组织置于灭菌乳钵内，加石英砂充分研磨，并加入 PBS 等制成 10% 乳剂。

• 血清：取间隔 2～3 周发病期和恢复期双份血清。

（3）实验室检验

• 病原学检查：取病料做成 1:5～1:10 的悬浮液，擦入划破的冠、肉髯或皮肤上皮以及拔去羽毛的毛囊内，如有痘毒存在，被接种鸡在 5～7 天内出现典型的皮肤痘疹症状。

• 血清学试验：可采用琼脂扩散沉淀试验、间接血凝试验、血清中和实验，荧光抗体技术及酶联免疫吸附试验等方法进行诊断。

（五）鸭瘟（duck plague）

鸭瘟是鸭和鹅的一种急性接触性传染病，其特征为体温升高、两腿麻痹、下痢、流泪和部分病鸭头颈肿大；食道黏膜有小出血点，并有灰黄色假膜覆盖；肝有不规则大小不等的出血点和坏死灶。此病传播迅速，发病率和病死率都很高。

1. 病原

鸭瘟病毒（duck plague virus）属于疱疹病毒科（Herpesviridae）疱疹病毒属（*Herpesvirus*）中的滤过性病毒。此病毒对乙醚和氯仿敏感。

病毒存在于病禽各个器官、血液、分泌物及排泄物中，其中在肝、脾、食道、泄殖腔、脑内的含量最高。病毒对低温的抵抗力较强，含毒的鸭肝保存在 -10～-20℃ 低温冰箱中，经 347 天病毒仍可存活。含毒组织的悬液加热至 60℃，经 15min，对病毒无明显影响，但在 80℃ 经 5～10min 即可将病毒杀死。0.1% 升汞 10min，0.5% 漂白粉和 5% 石灰乳 30min，对鸭瘟病毒有致弱和杀灭作用。

2. 流行病学

鸭最易感，雁鹅、野鸭、雁类、天鹅、鸳鸯等水禽均能感染，但鸡、火鸡、鸽以及哺乳类动物等均不感染鸭瘟。有人研究了雁形目各个禽种对鸭瘟人工感染的易感性，发现除家养品种外，绿头鸭、白眉鸭、赤膀鸭、赤颈鸭、姻鸭、凤头潜鸭、白额雁、豆雁等都能发生致死性感染。欧洲绿翅鸭和针尾鸭一般不会有致死性感染，但对实验感染可产生抗鸭瘟抗体。绿头鸭对致死性感染有较强的抵抗力，因此被认为可能是自然的储存宿主。在美国也曾有在绿头鸭等野生水禽中暴发鸭瘟的报道。成年鸭发病率及死亡率较高，常造成毁灭性损失，1 月龄以下雏鸭发病较少。

鸭瘟的传染源主要是病鸭和潜伏期的感染鸭，以及病愈不久的带毒鸭（至少带毒 3 个月）。某些野生水禽感染病毒后，可成为远距离传播此病的自然疫源和媒介。在自然情况下主要经消化道、生殖道、眼结膜和呼吸道感染，以其他动物、人或昆虫为媒介传播。

鸭瘟一年四季都可发生，但一般以春夏之际和秋季流行最为严重。一般发病时间为数天到 1 个月左右，发病率和死亡率在 90% 以上。

3. 症状

潜伏期一般为 3～4 天。病初体温升高（43℃ 以上），呈稽留热。这时病鸭表现精神委顿，头颈缩起，食欲减少或停食，渴欲增加，羽毛松乱无光泽，两翅下垂，两脚麻痹无力，走动困难或伏卧不起。流泪和眼睑水肿是鸭瘟的一个特征症状，病初流出浆性分泌物，以后变黏性或脓性，将眼睑粘连而不能张开。严重者眼睑水肿或外翻，眼结膜充血或小点出血，甚至形成小溃疡。部分病鸭的头颈部肿胀，俗称为"大头瘟"，有的鼻腔流出稀薄或黏稠的分泌物、呼吸困难、叫声嘶哑、频频咳嗽，同时，病鸭排绿色或灰白色稀粪，泄殖腔黏膜充血、出血、水肿并形成黄绿色的假膜，不易剥离。病程一般为 2～5 天，慢性可拖至 1 周以上，生长发育不良。

4. 病变

全身出血、水肿，皮肤、黏膜及浆膜出血，皮下组织呈弥漫性水肿，实质器官变性，消化管出血、炎症及坏死，咽、食管和泄殖腔有特征性灰黄色假膜，剥离后留有溃疡斑痕，腺胃与食管膨大部交界处有一条灰黄色坏死带或出血带，肝表面有大小不等的灰色坏死灶，坏死灶中间有小出血点，法氏囊呈深红色，表面有针尖状的坏死灶，囊腔充满白色的凝固性渗出物，胆囊肥大并充满黏稠胆汁，黏膜充血并有小溃疡，脾有坏死灶。产蛋母鸭卵巢滤泡增大并有出血点或出血斑，有的卵泡破裂而引起腹膜炎。组织学检查，肝细胞明显肿胀、变性，肝中央静脉红细胞崩解，血管周围有凝固性坏死灶，肝细胞有核内包涵体。

5. 诊断

（1）初步诊断

根据流行病学特点、特征症状和病变可做出初步诊断。

此病传播迅速，发病率和病死率高，自然流行除鸭、鹅易感外，其他家禽不发病。特征性症状为体温升高、流泪、两腿麻痹和部分病鸭头颈肿胀。

有诊断意义的病变为食道和泄殖腔黏膜溃疡和有假膜覆盖的特征性病变，及肝脏坏死灶及出血点。

（2）样本采集

• 对于可疑尸体，可无菌操作打开胸腹腔，采取小块肝、脾，置于密封的无菌冷藏容器中，供病毒分离。

• 取心、肝、脾、肾、食道、肠、前胃和食管连接部、法氏囊和眼，供病理组织学检查。

• 无菌采血，分离血清，冷藏备用。

（3）实验室检验

• 病毒分离鉴定：以肝、脾为病料制成悬液，经处理接种 9～12 日龄无母源抗体鸭胚或鸭胚成纤维细胞（原代细胞比继代细胞更敏感）。接种2~4天后，取培养物做包涵体染色检查，可发现大量核内包涵体。也可通过中和试验或免疫荧光抗体技术检测细胞培养物或组织中的病毒抗原，或用PCR技术检测病料或细胞培养物中的鸭瘟病毒。

· 血清学试验：检测血清中鸭瘟抗体的方法主要有中和试验、琼脂扩散试验、ELISA、反向间接血凝试验及免疫荧光技术等。

（六）西尼罗病毒感染（westnile virus infection）

西尼罗病毒（west nile virus，WNV）于1937年在非洲的乌干达首次被发现，从WestNile地区的一位发热的成年妇女血液中分离到，因此得名westnile virus。西尼罗病毒广泛分布于非洲、中东、欧亚大陆和澳洲，主要引起西尼罗河热（westnile fever），可引起马、鸟类和人类发病，并能引起致死性脑炎，导致马匹、野鸟、家禽和人的死亡，引起严重的公共卫生问题。

此病缺乏有效的治疗、预防和控制措施，给疾病控制提出了严峻的挑战。

1. 病原学

西尼罗病毒为不分节段的单股正链RNA病毒，属于黄病毒科黄病毒属的B群虫媒病毒。WNV是日本脑炎病毒（Japanese encephalitis virus，JEV）群的成员之一，与该群内的其他病毒有相近的免疫原性，尤其是与圣路易斯脑炎病毒，因此在实验室诊断时易发生血清交叉反应。

2. 流行病学

西尼罗病毒主要发生在夏末或秋初，而在美国南部的气候条件下，全年都可发生。使WNV感染发病率增高的环境因素包括一些使蚊虫密度增加的原因，如雨水多、气温高、洪水及灌溉等。

（1）传染源

鸟是该病毒的贮存宿主，是WNV感染的主要传染源，目前已查明有70多种鸟与传播该病毒有关，其中有些鸟的死亡率很高，如乌鸦、大乌鸦、喜鹊、蓝鸟和灰鸟，但鸟的种类目前尚未完全清楚。传染源主要为处于病毒毒血症期的带毒动物和该病毒的自然储存宿主。尤其病鸟是主要的传染源和储存宿主，病毒在鸟体内高浓度循环，产生病毒血症，使大批蚊子感染。因此，鸟在传播中起着重要作用。

（2）传播途径

WNV感染鸟类，并以他们为储存宿主。因库蚊喜吸鸟血，从病鸟吸血以后，WNV在蚊体内大量繁殖并进入唾液腺，当这样的带毒蚊再叮咬动物或人的时候，就把病毒传播给了动物和人，人和马等动物不同于鸟类（储存宿主），是偶然宿主，他们并非病毒循环所必需的一个组成部分，但也可引起人和家养动物感染发病。据美国科学家报道，西尼罗病毒在实验室条件下，可进行鸟—鸟间传播，但目前还不能确定病毒是如何进行鸟—鸟间传播的。

3. 发病机理

目前对WNV发病机制尚不完全明了。研究表明该病毒对机体既有直接的病理损伤作用，也有间接的作用。

4. 临床症状和病理变化

不同动物感染该病毒的临床症状表现不一，WNV 感染后会出现 3 种结果：隐性感染、西尼罗热和神经系统疾病。鸟类感染后不表现临床症状，有时引起脑炎，死亡或长期带毒。人类感染西尼罗病毒后并不互相传播，通常为隐性感染。对于健康的人来说不会引起严重的症状或只是轻度的表现为发热、头痛、全身疼痛、淋巴腺肿大，偶尔有皮疹。对于免疫力差的人则表现为明显头痛、高烧、颈硬、昏迷、方向障碍、震颤、惊厥瘫痪，甚至死亡。一般病程为 3～5 天，重症病人可延至数周到数月不等，感染后可终身免疫。

病理变化主要表现为脑脊髓液增多，软脑膜和实质出血、充血和水肿，并已在灰质和白质中形成胶质性小结节；神经细胞变性坏死，形成软化灶，周围有致密的淋巴细胞浸润和胶质增生形成血管套。

5. 诊断

（1）病毒分离

一般使用已知的对西尼罗病毒敏感的哺乳动物细胞系如 Vero 细胞或蚊子细胞系来分离病毒。当把病原样品接种到蚊子细胞上时，细胞上很可能不会产生肉眼可见的细胞病变，此时可选用免疫荧光的方法来作出鉴别。

（2）血清学方法

最具有诊断意义的实验室检查是在患者的血清或脑脊液中检出 WNV 特异性 IgM 抗体，由于 IgM 不能透过血—脑屏障，因此脑脊液中 IgM 抗体阳性强烈提示中枢神经系感染。具体方法可采取动物的血清或全血做酶联免疫吸附试验、血凝抑制试验、间接免疫荧光试验、蚀斑减少中和试验、血清中和试验来检测西尼罗病毒的抗体。

（3）分子生物学方法

RT-PCR（逆转录聚合酶链反应）可用于检测脑脊髓液、脑组织中的西尼罗病毒抗原核酸，并且可与 13 种其他病毒进行鉴别检测。

（七）东方马脑炎（eastern equine encephalomyelitis）

东方马脑脊髓炎（EEE）属于美洲马脑脊髓炎，此病是由病毒引起的急性传染病。主要临床特点是发热及中枢神经系统的症状。

1. 病原

东方马脑炎病毒（Easternequine encephalomyelitis virus，EEEV），属于披膜病毒科（Togaviridae）甲病毒属（*Alphavirus*）。病毒对热敏感，在 60℃条件下 10～30min 可灭活，对酸和乙醚等脂溶剂敏感。

2. 流行病学

鸟类为此病主要传染源和宿主。在自然条件下此病毒在多种小野鸟和库蚊中自然循环和传播。人和马是偶然受害者。鸟类感染此病后，大多无症状，体内病毒血症约维持 4 天。野鸟中幼鸟体内病毒比大鸟滴度高，数量多。故小鸟是此病主要传染源。

蚊虫叮咬是此病主要传播途径。黑尾脉毛蚊专吸鸟血，很少吸人血，是鸟类之间主要传播媒介。此病可感染一些野生哺乳动物和鸟类，如野马、环颈雉、蒙古雉、麻雀、鸽、火鸡、鸭等。有报道称有 50 种以上的鸟类可以自然感染此病病毒，有些鸟（如环颈雉、棕尾虹雉等）能发生致死性感染。此病有严格季节性，多发生在 7～10 月份，以 8 月份为高峰。在人与人之间流行前几周，常先在家畜、家禽之间流行。

3. 临床症状

在自然条件下大多呈隐性感染，没有明显症状。大部分鸟类和家禽为无症状感染，感染后能产生 1～2 天的高滴度病毒血症，然后出现高效价抗体。

4. 病变

病死马剖检无特征性的肉眼变化，组织学观察为典型的病毒性脑炎变化。

5. 诊断

（1）初步诊断

根据临床症状和流行病学资料可作出初步诊断。

（2）样本采集

· 病毒分离样：① 对 EEE 和 WEE，最好采取脑组织，切取大脑。这些病料可同时用作组织学检查。② 取发热早期血液。

· 血清：取急性期和恢复期双份血清。

（3）实验室检验

· 病毒分离：病料处理后接种乳鼠、雏鸡或易感细胞，进行病毒分离。

可将病料接种 2～5 日龄乳鼠。为提高病毒分离率，可先给乳鼠腹腔注射 50% 甘油 0.5～1ml，稍后在脑内接种病料悬液。小鼠接种后 2～8 天呈现脑炎症状而死。

刚出壳的雏鸡（又称湿雏）对脑内接种的马脑炎病毒极为敏感，接种后呈现典型的脑炎症状。将病料接种于鸡胚绒毛尿囊膜上，鸡胚经 15～24h 死亡，胚体和绒尿膜内含大量病毒，并常可在绒尿膜上见有痘斑样病变。

· 血清学诊断：常用的方法有血凝抑制试验、补体结合试验、病毒中和试验。血凝抑制抗体和中和抗体出现较早，一般可在发病后 7 天检出，并可持续几个月之久。补体结合抗体须在发病后 10 天以上才能检出。应注意的是，我国虽然在自然界分离出此病病毒，也发现人群血清抗体阳性，但尚未见此病例报告，故诊断时需慎重，必须取急性期和恢复期双份血清中和抗体或血凝抑制试验抗体有 4 倍升高才可确诊。

二、细菌性传染病

细菌性传染病主要有巴氏杆菌病（禽霍乱）、肉毒梭菌中毒、沙门氏杆菌病、结核、丹毒等。

（一）巴氏杆菌病（Pasteurellosis）

巴氏杆菌病是野生动物、家畜、家禽共患的一种传染病。急性病例以败血症和出血性炎症为特征，故又称出血性败血症；慢性型常表现为皮下结缔组织、关节及各脏器的化脓性病灶。

1. 病原

该病的病原为多杀性巴氏杆菌（*Pasteurella multocida*），属于巴氏杆菌属。本菌呈卵圆形或短杆状，不形成芽孢，无鞭毛、不运动。可形成荚膜，革兰氏染色阴性。组织、体液涂片，用姬姆萨、瑞氏和美蓝染色后，菌体两端着色深，呈明显的两极染色。用培养物制作的涂片，两极着色不明显。新分离的菌株具有荚膜，体外培养后很快消失。

此菌可在普通琼脂培养基上生长，但不旺盛。在添加少量血液、血清的培养基上生长良好，培养 24h，形成淡灰白色、露滴样小菌落，表面光滑，边缘整齐，新分离的菌落具有较强的荧光性。本菌在普通肉汤中呈均匀混浊，为需氧与兼性厌氧菌。

2. 流行病学

易感的鸟类有斑嘴鸭、旱鸭、绿翅鸭、绿头鸭、鸳鸯、斑头雁、鸿雁、白额雁、豆雁、狮头鹅、白骨顶、董鸡、银鸡、红嘴鸡、岩鸡、蓝马鸡、褐马鸡、珍珠鸡、鹦鹉、娇凤、孔雀、企鹅、乌鸦、鸥类、麻雀、雉类、啄木鸟、凫、鸵鸟、鹨类等。

此病分布于世界各地，主要的传染源是患病或带菌的动物。可通过呼吸道和消化道感染，昆虫也能传播，通过损伤的皮肤、黏膜，也可被感染。此病的发生一般无明显的季节性，各种外界条件的剧烈变化、长期营养不良或患有其他疾病等都可促进此病的发生。

3. 临床诊断

（1）临床症状

临床上可以分为最急性、急性和慢性 3 种类型。最急性型和急性型多表现为败血症及胸膜肺炎，常呈地方性流行。慢性型的病变多集中于呼吸道，常为散发性发生。此病的潜伏期一般为 1~5 天，长可达 10 天。

野生禽类常为出血性败血症。此病在野生鸭类多为急性暴发，初期多无症状急性死亡，当死亡出现几周后，可见有患病的个体逐渐增加。对患病雁群进行观察可以看出，大部分大雁都表现出精神萎靡的现象，部分雏雁出现离群独处的表现，并且眼睛处于半开半闭状态，不喜走动，呈现出蹲伏或呆立状态。患病的大雁羽毛也变得松乱，并且保持两翅下垂的状态。病雁非常容易表现出头神经症状，颈部后仰或斜向一侧，还会有抽搐和双翅扑地的表现，并且伴随着张口呼吸和甩头动作。患病大雁眼结膜呈现灰白色，排出白色或淡黄绿色水样稀粪，在出现上述症状后若没有得到及时治疗，在发病 2~3 天后死亡。

（2）病理变化

对病死雏雁病理变化分析后可以看出，气管环状出现出血带，气囊壁也有增厚和浑浊的表现，并且其上壁还存有灰白色或黄白色渗出物。对食道进行观察发现，其中并没有非常明显的病理变化。胸腔浆膜层中出现白色纤维素性渗出物，并且存在着心包膜增厚的表现，有黄色透明积液从其中流出。腹部脂肪存在出血，并且在肝脏部位出现暗红色针尖状出血点，其边缘还呈现出一种钝圆的表现。除此之外，患病大雁脾脏中也布满大量的针尖状出血点，胰腺与小肠肠系膜针尖状出血点，而盲肠道黏膜存在成片紫红色出血。另外，肠腔中还含有黄绿色内容物，其中夹杂着气泡，对腺胃与肌胃角质层及肌胃下层进行观察，并没有发现特殊病变。

4. 实验室诊断

（1）涂片镜检

取被检动物心血、肝或脾制成涂片，用美蓝、姬姆萨、瑞氏染色液染色，如发现有两极浓染的小杆菌，结合流行病学、临床诊断、剖检变化可作出较可靠的诊断。

（2）细菌分离培养

在镜检同时，取新鲜心血、肝病料，接种于血液琼脂平板和麦康凯琼脂平板，作分离培养。第二天观察生长情况，血琼脂上生长，形成淡灰色、圆形、湿润、露珠样小菌落，菌落周围无溶血区。取一典型菌落涂片、染色、镜检，为两极染色的革兰氏阴性小杆菌。麦康凯琼脂上此菌不生长。

（3）生化试验

此菌分解葡萄糖、果糖、半乳糖、蔗糖、甘露醇，产酸不产气，不分解乳糖、鼠李糖、山梨醇、肌醇。多数产生靛基质、硫化氢、过氧化氢酶、氧化酶、不液化明胶，在石蕊牛乳中无变化。在三糖铁上生长，可使培养基底部变黄，血琼脂上生长良好，45℃折光下菌落产生橘红色或蓝绿色荧光。

（4）动物试验

将上述病料制成乳剂，接种小白鼠或家兔。试验动物常于24～72h内死亡，从血、肝、心脏中可分离到此菌。

（5）血清学试验

常用的有快速全血凝集、血清平板凝集或琼脂扩散试验等。

（二）沙门氏杆菌病（Salmonellosis）

沙门氏杆菌病又称副伤寒，是由沙门氏杆菌引起的各种野生动物、家畜、家禽和人的多种疾病的总称。该病对幼龄动物及禽类危害较大，常引起急性败血症、胃肠炎及其他局部炎症。成年动物及禽类往往呈散发或局灶性感染。

除禽白痢和禽伤寒外，由各种沙门氏杆菌引起的原发性疾病统称为副伤寒。

1. 病原

沙门氏杆菌（Salmonella）为两端钝圆、中等大小的直杆菌，革兰氏染色阴性，不产生芽孢，亦无荚膜。除鸡血痢和鸡伤寒沙门氏菌外，都有周生鞭毛，具运动性。在葡萄糖、麦芽糖、甘露醇和山梨醇中，除伤寒沙门氏菌和鸡白痢沙门氏菌不产气外，均能产气。不分解乳糖，不凝固牛乳，不产生靛基质，不液化明胶。在普通培养基上生长良好，需氧及兼性厌氧，培养适温37℃。

沙门氏杆菌对干燥、腐败、日光等环境因素具有一定的抵抗力，在外界条件下可以生存数周或数月。对化学消毒剂的抵抗力不强，一般常用消毒剂和消毒方法均可达到消毒目的。

2. 流行病学

鸟类沙门氏杆菌的传播，除可通过消化道、呼吸道、眼结膜和交配感染外，主要是通过带菌卵而传播。健康动物的带菌现象非常普遍，当受外界不良因素影响时，动物抵抗力下降，病菌可变为活动化而发生内源性传染。病菌连续通过感染易感动物，毒力变强，并扩大传染。此病一年四季均可发生。

3. 临床诊断

（1）临床症状

鸟类的沙门氏杆菌病通常分为禽白痢、禽伤寒和副伤寒三类，前两者分别由禽白痢沙门氏杆菌、禽伤寒沙门氏杆菌引起，而副伤寒是由多种有鞭毛、能运动的泛嗜性沙门氏杆菌引起的。

沙门氏病菌主要存在于鸟笼以及大型鹦鹉养殖场中，第一个症状出现前，疾病会潜伏4～5天。当鹦鹉发病时通常会蓬松着羽毛萎靡地待在一个角落里，连进食的力气都没有，泄殖腔附近羽毛粘有粪便，而且粪便呈绿色。细菌可以进入血液，同时还会感染其他的内部器官，细菌感染肺部时，病鸟会感到呼吸困难。

胚期感染的雏禽，常在孵化过程中死亡或孵出弱雏，出壳不久即突然死亡而无明显的症状。未死亡者或出壳后感染者，出壳后3～4天出现症状，7～10天病雏增多，死亡率增加，2～3周时达高峰。

各类病雏禽的临床症状极其相似，表现为精神不振、垂翅缩颈、绒毛松乱、拥挤集堆、闭目昏睡、不愿走动、食欲减少或废食。特征性症状为下痢、排白色糊状稀粪、肛门周围绒毛粘连、粪便干后封着肛门、排泄困难、痛苦惨叫。最后因心力衰竭、呼吸困难而死亡。病程1～7天，死亡率超过50%。日龄稍长的雏禽，患病后死亡率降低，耐过的病雏发育不良，长期带菌。

患病雏禽除表现有严重的下痢症状外，有时感染可累及肺部、脑脊髓、关节及眼部，出现呼吸困难、旋转运动、四肢关节肿胀、跛行、后期瘫痪以及失明等症状。

成禽感染后多无明显临床症状，或仅见少数精神沉郁、反复腹泻、垂腹、贫血、食欲降低、渴欲增加。有些可发生生殖器官局部感染，出现卵巢囊炎，继而导致腹膜炎发生，严重时导致死亡。慢性带菌者可因应激和并发感染而导致突然发病，甚至死亡。

（2）病理变化

鸟类沙门氏杆菌病急性死亡的病雏常无明显病理变化。病程稍长的病例可见尸体消瘦，肝脾充血并有条纹状或针尖状出血或坏死灶，胆囊肥大，肾及肺充血，心包炎和心包粘连，直肠肿大出血，盲肠有干酪样物堵塞或混有血液。鸽类患此病常见关节炎，以翅部关节多发，呈软性肿胀。鸽感染鼠伤寒沙门氏杆菌后，在口腔内的舌基部和上腭盖有黄绿色纤维性沉积物，麻雀感染后出现明显的胸肌萎缩和消化道脓肿。成年禽感染此病一般无明显的病理变化，少数急性病例可见肝、脾、肾充血与肿胀，出血性或坏死性肠炎，心包炎及腹膜炎。雌禽的卵巢和输卵管出现坏死性或增生性病变。慢性病例可见消瘦，肝、脾及肾肿大，肠道坏死性溃疡，卵变形等。

4. 实验室诊断

（1）细菌学检查

通常以腹泻为主的胃肠炎患病动物，生前可采直肠粪便或新鲜排粪，尤其带血和黏液的粪样；死后取病变肠段内容物或肠黏膜及相关肠系膜淋巴结；败血症患病动物应采血液及病变脏器组织。未污染的样品可直接接种在肠道杆菌鉴别或选择培养基上分离单个菌落，污染病料应先增菌（常用的增菌培养基有：四硫磺酸钠煌绿培养基、亚硒酸盐胱氨酸培养基），再在选择或鉴别培养基上进行平板分离。从选择或鉴别培养基上挑选可疑的菌落作纯培养，同时接种到三糖铁斜面上培养。

（2）血清学检查

除平板凝集试验外，还有琼脂扩散试验、荧光抗体试验等。

（三）肉毒梭菌中毒症（Botulism）

肉毒梭菌中毒症是由于食入肉毒梭菌毒素而引起的一种中毒性疾病，特征是运动神经麻痹。

1. 病原

肉毒梭菌（*Clostridium botulinum*）为两端钝圆的大杆菌，多单在，革兰氏阳性菌（有时可呈阴性），有鞭毛，有荚膜，能形成偏短的椭圆形芽孢。芽孢的抵抗力很强，干热180℃ 5～15min 或湿热100℃ 5h 才能被杀死，在土壤中可存活多年。该菌在适宜的条件下生长繁殖能产生外毒素，毒素的毒力极强。该毒素能耐一定的高温，一般需80℃ 30min 才能被破坏，胃酸及消化酶都不能使其被破坏。

根据毒素的抗原性不同，可将本菌分为A、B、C（含Cα、Cβ 型）D、E、F、G 等7 型，各型毒素是由同型细菌产生的。A 型毒素毒性最强，人最为敏感，也能使猴、禽类、水貂、雪貂、麝鼠、马以及鱼类中毒；B 型主要引起人、牛、马属动物的中毒；Cα 型主要侵害禽类，Cβ 型侵害禽类、哺乳动物、人；D 型主要侵害反刍动物。E 型则可使人、猴、禽类中毒。

2. 流行病学

肉毒梭菌广泛分布于自然界，存在于土壤、湖、塘等水体及其底部泥床中、动物尸体、饲料等。自然发病主要是由于食入含有毒素的腐败动植物尸体残骸、毒素污染的饲料、饮水，经胃肠吸收，引起中毒。

在野生动物中，多种禽类都可发生此病，水禽、涉禽和鸥类对C 型毒素最为敏感；鸬鹚对C 型毒素不敏感，而对E 型毒素敏感，鸥类对C 型、E 型毒素都敏感。毛皮动物中以水貂最为敏感，野生哺乳动物感染一般较为少见，有报道称，圈养的非洲狮由于饲喂家鸡而发生C 型肉毒素中毒。各种家养畜禽都有易感性，其中鸭、鸡、牛（包括牦牛）、马较多见，实验动物中家兔、豚鼠及小白鼠都易感。

3. 临床诊断

（1）临床症状

禽类感染初期，毒素侵害外周神经系统，而引起运动肌肉麻痹，出现双腿无力、双翼下垂、飞行困难或完全丧失飞行能力，仅能用双翅划水移动。随病情发展，除腿与翼呈现麻痹外，还可出现内眼睑、瞬膜麻痹和颈部肌肉麻痹，呼吸困难，嗜睡和昏迷，严重者很快死亡。病情轻者，经过轻度的运动失调后也可能逐渐恢复。

（2）病理变化

尸体剖检一般无特殊变化，咽部黏膜、胃肠黏膜、心内外膜可能有出血斑点，肺有时充血、水肿。

4. 实验室诊断

临床上出现典型的麻痹症状，动物发病急，发病动物为食入同一可疑饲料者，而剖检又无明显的病理变化，即可怀疑为肉毒素中毒。确诊需采集可疑饲料或胃内容物做毒性试验。

（1）样品处理

液体样品可直接离心取上清液待检；固体、半固体样品加入适量生理盐水研磨，浸泡1h，然后离心，取上清液待检。在检查 E 型毒素时，可用胰酶处理(37℃,1h)以激活毒素。

（2）毒素试验

取上述上清液和经胰酶处理液，给 2 只小白鼠每只腹腔注射 0.5ml，观察 4 天。小白鼠中毒后一般多在 24h 内发病，表现为竖毛、四肢麻痹、全身瘫痪、呼吸困难、失声等症状。样品如使小白鼠发病或死亡，还需进行毒素检查试验。即将样品再分为三份，一份加多型肉毒梭菌抗血清处理 30min，一份加热煮沸 10min，一份不做处理，分别注射给三组小白鼠。如前两组存活，后一组出现特征性症状，则可判定为待检样品中确有毒素存在。被检材料直接涂片、染色、镜检一般无意义，故肉毒梭菌的诊断主要依赖于毒素中和试验。此菌是严格厌氧菌，特别是 C 型菌。细菌分离时，在厌氧肉汤中加入新鲜肝块生长良好，产生强烈的臭味。肝汤琼脂平板上的菌落不规则圆形、半透明，表面颗粒状，边缘不整齐、界线不明显、呈绒毛网状向外扩散，常扩展成菌苔，特别是琼脂表面潮润时呈膜状生长，可将整个琼脂面覆盖。在血琼脂上呈 β 溶血；镜检菌体形态。

（四）结核病（Tuberculosis）

结核病是由分枝杆菌引起的野生动物、家畜、家禽和人的慢性传染病。其病理特征是在多种组织器官形成结核性肉芽肿（结核结节），继而结节中心干酪样坏死或钙化。此病为乙类传染病。

1. 病原

分枝杆菌属 *Mycobacterium* 的多种细菌可以引起野生动物的结核病和结核样病变，而最主要的有三种：结核分枝杆菌 *M. tuberculosis*、牛分枝杆菌 *M. bovis* 和禽分枝杆菌 *M. avium*。此属菌的特点是需氧、无鞭毛、无芽孢、无荚膜，在细胞壁中含有丰富的复杂脂类。适宜的生长温度为 37～39.5℃，适宜 pH6.5～6.8。分枝杆菌具有较强的抵抗力，耐干燥和湿冷，对热抵抗力差，60℃经30min即死亡，70～80℃经5～10min可被杀死。在水中可存活5个月，在土壤中可存活7个月。分枝杆菌对消毒药的抵抗力较强，常用消毒药经4h方可杀死，而在70%乙醇或10%漂白粉中很快死亡。

2.流行病学

此病的感染范围很广，大多数野生哺乳动物和鸟类都可感染此病。野生动物在野外自然条件下发病并不普遍，但动物园或圈养条件下的野生动物，由于感染机会增多，则常常发生此病。几乎所有的鸟类对禽分枝杆菌均易感，人、许多家畜和多种野生哺乳动物对禽分枝杆菌也易感，但犬对禽分枝杆菌不易感。有报道称虎皮鹦鹉也不易感。鹦鹉科鸟类对人结核分枝杆菌和牛分枝杆菌易感，观赏鸟类对牛分枝杆菌特别易感。在笼养或圈养条件下，火鸡、雉鸡、鹌、鹤和某些猛禽较水禽易于患此病，但此病一旦建立起来，则可成为水禽的常见、重要疾病。野生鸟类中与人、家畜、家禽有密切接触，或有食腐习性的种类或个体易患此病。

3.临床诊断

（1）临床症状

鸟类患结核病一般潜伏期较长，病程缓慢，早期不见明显症状。病鸟呆立、精神委顿、衰弱。虽不影响食欲，但患病鸟进行性消瘦、营养不良、体重减轻、胸部肌肉明显萎缩、胸骨凸出如刀，随病情发展，羽毛变粗乱，贫血，表现为冠和肉髯苍白。有些病鸟在眼周围、面部、喙基部、腿等处出现脓肿和结节性增生。关节和骨骼发生结核时，可见两足跛行。肠道发生结核性溃疡，常出现下痢。

（2）病理变化

鸟类主要表现在肝、脾、肠及肺等器官出现灰白色或黄白色的针尖至几厘米大小的肿瘤状结节。将结节切开，可见结节外面包裹一层纤维组织性包膜，里面充满黄白色干酪样物质，通常不发生钙化。结节多少不一，均匀散在或呈现葡萄串样聚集。结节还可见于腹壁、腹膜、骨骼、卵巢等处。常可见肝脾肿大，易碎。

4.实验室诊断

（1）病料采集及处理

可采集结核病灶、呼吸道分泌物、脓汁、乳汁、精液、尿和粪便等样品，用于镜检或病菌分离培养。为去除病料样品中的杂质异物和浓缩结核杆菌，检验前可对样品做消化集菌处理。

（2）镜检

取上述经集菌处理病料涂片作抗酸性染色。镜检呈红色直或弯曲的细长杆菌为结核杆菌，其他细菌为蓝色。涂片还可用金铵染色，经荧光显微镜观察，见有黄色或银白色明亮的细长杆菌，即为抗酸菌。新鲜结核灶中菌体形态一致，不易呈分枝状态，常散在或成双、成丛。

（3）分离培养

劳文斯坦—钱森二氏培养基是初次分离时常用培养基。经培养禽型结核杆菌生长较快，2~3周可生长好，菌落光滑、湿润、丰盛、灰黄色；人型结核菌较慢，需2~4周生长好，菌落干而粗糙、砂粒状或疣状；牛型结核菌更慢，需培养3~6周，菌落较人型小。结核杆菌培养方法很多，常用方法还有5%甘油肉汤培养、5%甘油琼脂培养、5%甘油马铃薯培养。

（4）生化特性试验

水鸟可依据禽型分枝杆菌生化特性试验。

（5）动物接种试验

将经集菌处理的病料悬液皮下注射豚鼠，每只1.5ml，每份病料最好接种2~3只。如果病料中含有结核杆菌，豚鼠在接种后2周对结核杆菌产生变态反应阳性。接种后3~4周，用1:20的三种结核菌素各0.1ml分别皮内注射豚鼠。若豚鼠感染牛分枝杆菌或结核分枝杆菌，注射这两种结核菌素的部位出现明显红肿反应，经72h不消退，而注射禽结核菌素的部位产生轻微反应，持续24~48h就消失。若豚鼠感染禽分枝杆菌，则对禽结核菌素反应强烈，而对其他两种结核菌素反应轻微或不反应。通过致病力检测可以对人结核分枝杆菌和牛分枝杆菌加以区别。

（6）结核菌素试验

结核菌素试验可以直接用于患结核病或可疑患病的野生动物，具有重要的诊断价值。试验可采用皮内注射或点眼方法。根据野生动物种类的不同，选用结核菌素类型、接种部位、注射剂量及观察反应的时间。

（五）丹毒（Erysipelas）

此病是由红斑丹毒丝菌引起，临床上以出现败血症、关节炎、皮肤红斑为特征的一种传染病。多种野生动物、禽类、家畜和人都可感染。

1. 病原

红斑丹毒丝菌 *Erysipelothrix insidiosa* 又称猪丹毒杆菌 *E. rhusiopathiae*。急性感染动物的组织触片或血涂片常见平直或弯曲的小杆菌，大小（0.8~2.0）μm×（0.2~0.5）μm，单在、成对或成丛存在，不运动，不形成芽孢，无荚膜，革兰氏染色阳性。在固体培养基上可呈短的小杆菌，在慢性病例组织触片及陈旧的肉汤培养基内，也可呈不分枝的长丝状。

此菌对干燥、腐败、日光等自然环境的抵抗力较强。

2. 流行病学

易感的鸟类有火鸡、鸽、鹌、雉、鸡、鸭、鹅、麻雀、鹦鹉、金丝雀、秧鸡、燕雀、鸫、黑鸟、孔雀、海鸥、白鹳、金鹰、长尾小鹦鹉、画眉鸟等。

患病动物和带菌动物通过排泄物、分泌物排出病原，健康动物通过与污染物接触感染，感染的途径为消化道感染、经损伤的皮肤感染、经吸血昆虫叮咬而感染。

此病一年四季均有发生，野生动物主要呈散发。

3. 临床诊断

（1）临床症状

野生鸟类感染此病一般多为散发，多表现为败血症、精神抑郁、食欲消失、冠及头部肿大、虚弱、下痢或突然死亡。有的皮肤上出现大小不等、形状不一的紫红色斑。群养火鸡易发生此病，且雄火鸡较雌火鸡更易死亡，雄火鸡头瘤常见浮肿，呈淡紫色，具有特征性。

（2）病理变化

病禽可见全身性充血，各部皮肤及胸部肌肉和肌膜有明显的出血点和出血斑，皮肤上还可见到黑褐色的皮痂。

4. 实验室诊断

（1）形态学镜检

取脾、淋巴结、心血、肾等新鲜病料制成涂片，镜检见前述形态的纤细小杆菌，可做初步诊断。

（2）培养特征检查

新鲜病料用血平板分离，37℃培养 1～2 天，可产生灰白色、透明、露滴样、针尖大小、边缘整齐的 S 型菌落，并有甲性溶血。明胶穿刺培养 2～3 天后，沿穿刺线横向生长，呈"试管刷状"，明胶不液化。

（3）动物试验

其中以小鼠与鸽子最敏感。上述病料制成乳剂，鸽子肌肉接种 0.5～1.0ml，小白鼠皮下注射 0.2ml，接种动物可在 1～4 天内死亡。取其内脏材料涂片镜检，如见多量的红斑丹毒丝菌，即可确诊。

（4）血清学试验

常采用荧光抗体试验、玻板凝集试验、试管凝集试验等。

三、其他传染病

（一）鸟疫（Ornithosis）

此病在鹦鹉以外的鸟类患病称鸟疫，在鹦鹉患病称鹦鹉热，在家禽患病称禽衣原体病，是由鹦鹉热衣原体引起的野鸟、玩赏鸟和家禽的一种接触性自然疫源性传染病。患此病的禽鸟类以结膜炎、肠炎及呼吸道受损为特征。

1. 病原

此病的病原为鹦鹉热衣原体（*Chlamydia psittaci*）或称鸟疫衣原体（*C. ornithosis*）。从不同宿主分离到的病原体的致病力不尽相同。鹦鹉热衣原体是一种革兰染色阴性、分布广泛、严格胞内寄生的人畜共患病病原菌。鹦鹉热衣原体肺炎是通过呼吸道吸入鸟类或禽类粪便、眼睛和鼻孔分泌物衍生的含鹦鹉热衣原体的气溶胶引起的动物性疫源性疾病。此病毒在 56℃的环境条件下至少能存 72 h。

2. 流行病学

衣原体的宿主包括几乎所有野生的或饲养的禽鸟类，现已发现有26科190多种野鸟感染此病，如鹦鹉、海燕、海鸥、苍鹭、白鹭、鸩、麻雀、雉、金丝鸟、鹩哥、鹪等较常见，家禽中鸽、鸭、鹌鹑及火鸡、鹅易感且多呈显性经过。幼禽鸟的易感性较成年禽鸟大且表现严重，转归大多死亡。继发感染或混合感染（最常见于沙门氏杆菌）或不良环境因素的刺激都能促进此病的发生、发展，引起大批死亡。许多种类的野鸟如候鸟、苍鹭、潜鸭及三趾鹪等地理分布广，能远距离迁徙，它们对此病的世界分布，自然疫源地的形成、巩固、扩散以及维持病原体在自然界的循环等方面起主要作用。与禽鸟类接触密切的有关人员要特别注意自身防护。

几乎所有鸟类均可作为此病毒的媒介。患病和带菌的禽鸟类是此病最主要的传染源，病禽鸟通过粪便排出大量病原体，衣原体的感染性在干燥的粪便中可保持几个月，病原体随粪干沫、尘埃到处飞扬，禽鸟类吸入后即可被感染，这是衣原体的主要感染途径；此病还可通过消化道和吸血昆虫如螨、虱等感染。此病不能垂直传播，发生和流行无明显的季节性。

3. 临床诊断

（1）临床症状

患病的成年鹦鹉多表现为隐性感染或仅有轻微症状，而幼龄鹦鹉则可表现显性临床症状，呈急性经过，常导致死亡。病鸟表现绝食、沉郁、羽毛粗乱蓬松。排稀便，致使身上，特别是体后部沾污有黄绿色粪便，黏液性、脓性鼻液，眼被分泌物粘住，脱水、消瘦，幼龄鹦鹉病程为3天至1个月，死亡率可达75%～90%。成年鹦鹉一般可康复，康复后可长期带菌，并从排泄物中排出病原体而成为传染源。康复后的带菌试验中，鹦鹉常无任何临床表现，或仅有短期的排稀便症状。

雉在野生和饲养的雉群中很少呈显性感染，绝大多数为隐性感染。苍鹭单纯感染衣原体后都呈隐性经过。火鸡较敏感，有70%左右的火鸡呈现临床症状，潜伏期为5～50天，体温升高、食欲废绝、排出黄绿色胶状粪便。雌火鸡的产蛋量迅速下降或停止产蛋。发病后致死率为10%～30%。幼鸽感染后多为急性病例，症状与成鸽相似但更严重，大多转归死亡，致死率可达80%左右。

有人认为，任何鸟类出现结膜炎都该怀疑是否感染了此病。继发感染或环境条件骤然变化时可促使病情恶化及死亡。

（2）病理变化

各种鸟禽类患鸟疫后的剖检病理变化基本相似，其典型特征是胸腔和腹腔器官的浆膜和气囊膜的纤维素性炎症，表面多有纤维素性渗出物被覆，其中以纤维素性心包炎、肝周炎和气囊炎最常见而明显。胸腔和腹腔常有纤维素性渗出液，严重病例渗出液较多。肺充血有炎症变化，肝、脾、心、肾等实质性器官肿大，色泽改变，常有坏死灶，其中脾肿大最明显，有时可为正常的3～10倍。几乎所有病例都有严重的肠炎病变，有的病例常见结膜炎和鼻炎。

4. 实验室诊断

鹦鹉热衣原体实验室检测方法包括以下几种：

（1）病原体培养

病原体培养为诊断的金标准，但鹦鹉热衣原体很难生长，导致培养阳性率低、培养时间长，国内外具备培养条件的医院很少，医学实验室难以开展。

（2）血清学检查

• 对进出口的鸟禽类检疫此病常用的血清学方法是间接血凝试验。

• 补体结合试验，常用的检疫方法，抗原可用感染的鸡胚卵黄囊膜制备，中国定为1:16以上为阳性。另外，还可用的血清学检查方法有中和试验、免疫荧光试验等。

• 聚合酶链反应（Polymerase Chain Reaction，PCR），以外膜蛋白 A 或 16SrRNA 基因为靶点，可对鹦鹉热病原体进行敏感的、种特异性的检测。

（二）Q 热（Queryfever）

Q 热是由伯氏立克次体引起的一种人和动物自然疫源性传染病。此病目前广泛存在于世界许多国家，中国于 20 世纪 50 年代发现有 Q 热病例，60 年代分离出 Q 热立克次体。

1. 病原

Q 热的病原体是伯氏立克次体（*Ricketsia burneti*），其大小一般为（0.2～0.4）μm×（0.4～1.0）μm，用姬姆萨染色法染色，在光学显微镜下可见。立克次体具有典型的细胞壁结构，无鞭毛，革兰氏阴性，营专性细胞内寄生，需在活细胞内才能生长繁殖。

2. 流行病学

牛、绵羊、山羊、猪、马、犬、骆驼、鸡、鸽和鹅均易发生 Q 热，自然界中各种野生和家养哺乳动物、节肢动物和鸟类也都可感染此病，鸟类则有麻雀、鹊雀、朗鹤和白鹤鸽等。值得注意的是，蜱在自然疫源地中保持和传播 Q 热立克次体方面起着很重要的作用。

病原体从感染动物的粪便、尿液等排出体外，污染外界环境，动物可通过食入、饮入、吸入含有病原体分泌物和排泄物污染的食物、饮水或尘埃及飞沫等方式所感染。此外，此病还可通过被感染的蜱叮咬而感染动物，使其发病。

3. 临床诊断

临床病理变化多见于肺脏，因此临床上 Q 热间质性肺炎发生率很高，主要病变为肺泡隔及细支气管周围明显充血水肿，肺泡壁明显增厚，炎性细胞浸润，肺泡腔内可见含纤维蛋白、单核细胞和红细胞的渗出液。由消化道等其他途径感染时，其临床病理变化则多为肉芽肿性肝炎，肝实质坏死区周围有单核细胞、淋巴细胞、浆细胞等炎性细胞浸润，多发生在肝小叶汇管区。有的呈环形，中央为脂质空白区；有的可散在或融合为较大病灶。较大肉芽肿中心可发生坏死，周边有成纤维细胞增生。Q 热感染后病程超过半年，有持续反复发热并发生多器官特别是心血管系统的严重并发症时，为慢性 Q 热，其主要表现为 Q 热性心内膜炎，病变多侵犯主动脉瓣或二尖瓣，心脏、血管周围可发生炎症，常见淋巴样细胞灶性浸润。

4. 实验室诊断

（1）分离培养鉴定

• 样品采集：采取胎盘、子宫分泌物、乳汁以及其他含病原体较多的病料。

• 显微镜检查：取病料制片，用姬姆萨氏法染色，若能在细胞内发现众多球杆状红染颗粒，则可作出初步诊断。

（2）病原体分离鉴定

病料多不加抗生素处理，做豚鼠腹腔接种，也可接种仓鼠或小白鼠等。感染豚鼠一般经 5～28 天后，多有体温升高，有些可致死亡。于接种 21～30 天后采血检查特异性抗体。

（3）血清学试验

补体结合试验是最常用方法，特异性很高。此外还有凝集试验。

四、寄生虫病

（一）蛔虫病

蛔虫病是野生动物的主要寄生虫疾病，野生哺乳动物和鸟类感染蛔虫的现象非常普遍。其病原体是蛔虫目（Ascaridida）的各科蛔虫。蛔虫目属于尾感器亚纲。该虫寄生在宿主的肠道内，常造成宿主发育停滞，繁殖能力下降，甚至死亡。幼虫在移行过程中会对宿主的肺脏造成一定的损伤。

1. 病原

感染野生陆生动物的主要蛔虫为蛔科（Ascaridae）、弓首科（Toxocaridae）、禽蛔科（Ascarididae）的各种线虫。不同的蛔虫有不同的固有宿主。虫体头端有 3 个明显的唇，一背唇，两亚腹唇。食道简单，呈长圆柱形，但无后食道。雄虫尾部短顿而有小尖，没有辐肋交合伞。交合刺 1 对，形状相同，为等长或不等长。卵壳厚，处单细胞期，直接发育型。

2. 流行病学

动物蛔虫病流行甚广，特别是幼年动物蛔虫病几乎到处都有。主要原因是本虫生活史简单，繁殖力强，产卵数多，卵对各种外界因素的抵抗力强。多种野生哺乳动物和鸟类可以感染蛔虫。鸟类主要感染禽蛔虫属蛔虫。

迁徙水鸟和家禽感染的球虫（Coccidea）、线虫（Nematode）、吸虫（Trematode）和绦虫（Cestode）等寄生虫在肠道寄生虫病的发生和传播中起重要作用。有学者研究发现安徽升金湖越冬小白额雁感染 13 种肠道寄生虫，感染率为 67.4%；家鸭感染 11 种肠道寄生虫，感染率为 70.1%。研究发现，粪便样本中不同寄生虫感染率差别较大，感染率最高的为球虫（Coccidea），其次为线虫（Nematode）和吸虫（Trematode），而绦虫（Cestode）的感染率最低。

鸽、野鸽及鹦鹉、鹤类可感染鸡蛔虫 *Ascaridia galli*、鸽蛔虫 *A. columbae*、两性蛔虫 *A.*

hermaphroditae，可以引起死亡。

3.症状

动物在感染早期（约一周以后），有轻微的湿咳，体温可升高到 40℃ 左右。如感染轻微，又无并发症则不至引起肺炎。幼虫移行期间，动物可呈现嗜酸性粒细胞增多症。感染较为严重的动物，可出现精神沉郁、呼吸及心跳加快、食欲减退或时好时坏、异嗜、营养不良、消瘦、贫血、被毛粗乱，或有全身性黄疸，有的动物生长发育长期受阻。感染严重时，呼吸困难，急促而不规律，常伴发声音沉重而粗粝的咳嗽，并有口渴、呕吐流涎、拉稀等症状。蛔虫过多、阻塞肠道时，动物表现疝痛，有的可能发生肠破裂而死亡。

4.病理变化

初期有肺炎症状，肺组织致密，表面有大量出血点或暗红色斑点。肝、肺和支气管等处常可发现大量幼虫。在小肠内可检出数目不定的蛔虫。寄生少时，肠道没有可见的病变；寄生多时，可见有卡他性炎症、出血或溃疡。肠破裂时，可见有腹膜炎和腹腔内出血。因胆道蛔虫病而死亡的动物可发现蛔虫钻入胆道，使胆管阻塞。病程较长的，有化脓性胆管炎或胆管破裂，胆汁外流，胆囊内胆汁减少，肝脏黄染和变性等病变。

5.诊断

生前诊断用粪便检查法；死后剖解时，须在小肠中发现虫体和相应的病变；但蛔虫是否为直接的致死原因，又必须根据虫体数量、病变程度、生前症状和流行病学资料等作综合判断。

（二）血吸虫病

分体科（Schistosomatidae）各属吸虫寄生在宿主的门脉系统内，可引发动物的严重疾病。分体科的血吸虫是一种严重的人兽共患寄生虫病。分体科的东毕吸虫，主要以反刍动物为宿主；鸭毛毕吸虫，主要寄生于鸟类，特别是水生鸟类。中国流行的血吸虫主要是日本血吸虫，流行于长江流域及其以南各地。

1.病原

血吸虫隶属于扁形动物门吸虫纲腹殖目分体科。日本分体吸虫 *Schistosoma japonicum* 为雌雄异体。雄虫乳白色，长 10～20mm，宽 0.5～0.55mm。有口、腹吸盘各一个，口吸盘在体前端；腹吸盘较大，具有粗而短的柄，在口吸盘后方不远处。体壁自腹吸盘后方至尾部，两侧向腹面卷起形成抱雌沟；雌虫常居雄虫的抱雌沟内，呈合抱状态，交配产卵。雄虫有睾丸 7 枚，呈椭圆形。雌虫较雄虫长，长 15～26mm，宽 0.3mm，暗褐色；虫卵椭圆形或接近圆形，大小为 $(70～100)\mu m \times (50～65)\mu m$，淡黄色，卵壳较薄，无卵盖，卵内含有一个活的毛蚴。

2.流行病学

日本血吸虫感染的动物特别多，包括家畜、家禽、野生动物共 728 属 42 种。血吸虫可感染的动物有啮齿目的鼠、兔形目的兔，食肉目的豹猫、金钱豹、獾、貉、灵猫、狐，奇蹄目的驴、马，偶蹄目的獐、野猪、鹿，灵长目的猕猴。野生动物携带血吸虫病原体可成为重要的感染来源。

3. 症状

首先呈现食欲不振、精神沉郁、行动缓慢、呆立不动，后开始腹泻，继而下痢，有里急后重现象，粪中带有黏液、血液，甚至块状黏膜，有腥恶臭味。患病动物体温升高，营养不良，日渐消瘦，体质衰弱，严重的站立困难，全身虚脱，很快趋于死亡。有的可逐渐转为慢性，但往往反复发作，使患兽瘦弱不堪。

少量感染时，一般症状不明显，体温、食欲等均无多大变化，病程多表现为慢性经过。

4. 病理变化

此病所引起的病理组织变化，主要是由于虫卵沉积于组织中，产生虫卵结节。剖解时，肝脏的病变较为明显，其表面或切面肉眼可见灰白色或灰黄色的小点，即虫卵结节。感染初期肝脏可能肿大，日久后肝呈萎缩、硬化。

5. 诊断

此病的诊断需结合症状和当地的流行情况。如果是轻度的感染者，一般在临床上不易发现。流行区内重感染者则有便血、下痢与消瘦等症状，但并非此病独有症状。确诊必须根据病原检查，多采用粪便沉淀孵化法检查毛蚴以作出诊断。长期的实践证明，该法阳性检出率比较高，是较为可靠的诊断方法。血吸虫的诊断也可以用免疫学方法。

第四节
疫病防控的原则与措施

  疫病的流行是由疫源、传播途径和易感动物等三个因素相互联系而造成的复杂过程。因此，采取适当的防疫措施来消除或切断这三个因素之间的相互联系，就可以使疫病不能继续传播。制定综合性的防疫措施时，应在充分考虑疫病宏观控制方案的基础上，制定动物疫病防控的长期规划和短期计划，并根据不同疫病的流行病学特点，分清主要因素和次要因素，确定防控工作的重点环节。

一、疫病防控措施制订的原则

（一）坚持"预防为主"的原则

  由于疫病发生后可在动物群中迅速蔓延，有时甚至来不及采取相应的措施就已经造成了大面积扩散，因此必须重视疫病"预防为主"的防治原则。同时还应加强工作人员的业务素质和职业道德教育，使其树立良好的职业道德风尚，使我国的陆生野生动物疫病防控体系沿着健康的轨道发展，尽快与国际社会接轨。

（二）加强和完善防疫法律法规建设

  防控野生动物疫病的工作关系到国家信誉和人民健康，国家林草相关行政部门要以陆生野生动物疫病学的基本理论为指导，以《中华人民共和国动物防疫法》等法律法规为依据，根据陆生野生动物活动的规律，制订和完善陆生野生动物疫病防控相关法律法规。

（三）加强动物疫病的流行病学调查

  由于不同疫病在时间、地区及动物群中的分布特征、危害程度和影响流行的因素有一定的差异，因此要制定适合本地区的疫病防治计划或措施，必须在对该地区展开流行病学调查和研究的基础上进行。

（四）突出不同疫病防治工作的主导环节

  由于疫病的发生和流行都离不开疫源、传播途径和易感动物群的同时存在及其相互联系，因此任何疫病的控制或消灭都需要针对这 3 个基本环节及其影响因素，采取综合性防治技术和方法。但在实施和执行综合性措施时，必须考虑不同疫病的特点及不同时期不同地点和动物群的具体情况，突出主要因素和主导措施，即使为同一种疾病，在不同情况下也可能有不同的主导措施，在具体条件下究竟应采取哪些主导措施要视具体情况而定。

二、预防疫病发生的措施

在采取防控措施时，必须采取包括"养、防、检、治"四个基本环节的综合性措施。综合性防疫措施可分为平时的预防措施和发生疫病时的应急处理措施。

（一）日常预防措施

• 加强对水鸟栖息地及迁徙通道的保护与修复。
• 认真开展日常野外监测巡护，做到及时发现水鸟的异常情况。
• 做好记录，及时研判，必要时及时上报。

（二）应急处置措施

• 发现野生动物异常，经现场初检疑似或不能排除疫病因素时，应对发生地点实行消毒并隔离封锁。
• 异常动物尸体应作无害化处理。
• 对感病的野生动物应根据保护级别采取捕杀或隔离救护。
• 确诊为重大动物疫情的，应立即启动应急预案。

（三）隔离封锁

隔离封锁需由相应级别的政府批准实施。封锁后对被封锁区有严格的要求和具体的封锁措施，例如，禁止被封锁区内的人员、禽畜及其产品向外流动，严格消毒，救治或捕杀患病动物，被封锁区出入路口设置哨卡及消毒设施等。解除封锁的时间是在最后一个病例死亡或治愈后，经过该病的最长潜伏期再无新病例发生时，经过终末彻底消毒，并报原批准部门同意。

（四）无害化处理

• 无害化处理可选择深埋、焚化、焚烧等方法，饲料、粪便也可以发酵处理。在处理过程中，应防止病原扩散，涉及运输、装卸等环节要避免洒漏，对运输装卸工具要彻底消毒。
• 深埋点应远离居民区、水源和交通要道，避开公众视野，标示清楚；坑的覆盖土层厚度应大于1.5m，坑底铺垫生石灰，覆盖土以前撒一层生石灰。坑的位置和类型应有利于防洪。野生动物尸体置于坑中，浇油焚烧，然后用土覆盖，与周围持平。填土不要太实，以免尸腐产气造成气泡冒出和液体渗漏。饲料、污染物以及野生动物所产卵等置于坑中，喷洒消毒剂后掩埋。

• 焚烧焚化根据异常情况发生地实际情况，充分考虑到环境保护原则下，采用浇油焚烧或焚尸炉焚化等焚烧方法进行。

• 发酵应在指定地点堆积，20℃以上环境条件下密封发酵至少42天。

（五）消毒灭源

这里所说的消毒是指外界环境的消毒，目的是消灭环境中的病原体，切断传播途径，预防或阻止疫病的发生和蔓延，是一项极其重要的防疫措施，必须高度重视。

1. 消毒的种类

根据消毒目的可分为三种情况：一是预防性消毒，即在平时未发生疫病的情况下所进行的定期消毒（如野生动物园、野生动物收容救护站点）。二是临时性消毒，即在发生疫病时对疫源及周边环境进行的紧急消毒。三是终末消毒，即在疫病流行过后或疫源被彻底清除后进行的全面大消毒。

2. 消毒的对象

平时消毒的对象主要是用具、人员、车辆、场站出入口、动物体表等。临时消毒除了上述对象外，还重点包括患病动物的排泄物、分泌物及被其污染的其他对象。临时消毒的特点是每天消毒 1~2 次，而且要连续数天。终末消毒的对象则包括上述两类消毒的全部对象。

3. 常用消毒方法及消毒剂

水鸟粪便、垃圾可采用生物热积发酵产热的方法；场所出入口可用 2% 氢氧化钠、生饮水可用漂白粉消毒；紫外线则可用于室内空气、墙壁、物品及人员体表的消毒，但对人体特别是眼睛有损伤，应避免长时间照射或直射眼睛。

第二章
水鸟疫源疫病基础知识

第一节
安徽省水鸟疫源地分布

一、湿地与鸟类分布

（一）安徽省湿地概况

1.湿地类型

安徽省地跨长江、淮河、新安江三大流域，境内河流纵横交错、湖泊星罗棋布，湿地资源非常丰富。安徽省湿地总面积104.18万hm²，占安徽省土地总面积的7.47%。自然湿地包括河流湿地、湖泊湿地、沼泽湿地三种类型，面积71.36万hm²，占湿地总面积的68.49%；人工湿地包括库塘、运河（输水河）和水产养殖场三种类型，面积32.83万hm²，占湿地总面积的31.51%。

从湿地类型来看：河流湿地30.96万hm²，占湿地总面积的29.72%；湖泊湿地36.11万公顷，占湿地总面积的34.66%；沼泽湿地4.29万hm²，占湿地总面积的4.11%；人工湿地32.83万hm²，占湿地总面积的31.51%（表2-1）。

表2-1　安徽省湿地概况

湿地类	湿地型	湿地型面积（hm²）	湿地型占比（%）	湿地类面积（hm²）	湿地类占比（%）
河流湿地	永久性河流	238434.06	22.89	309559.38	29.72
	洪泛平原湿地	71125.32	6.83		
湖泊湿地	永久性淡水湖	361134.72	34.66	361134.72	34.66
沼泽湿地	草本沼泽	42845.5	4.11	42854.59	4.11
	灌丛沼泽	9.09	0		
人工湿地	库塘	99807.01	9.58	328252.96	31.51
	运河（输水河）	140561.6	13.49		
	水产养殖场	87884.35	8.44		
总计		1041801.65	100	1041801.65	100

（引自《中国湿地资源·安徽卷》）

2. 空间分布

安徽湿地涉及长江区、淮河区和东南诸河区 3 个一级流域。

（1）长江区

长江区是安徽省湿地集中分布区，湿地面积 62.95 万 hm²，占全省湿地面积的 60.42%。包括河流湿地 17.96 万 hm²、湖泊湿地 25.19 万 hm²、沼泽湿地 2.95 万 hm²，人工湿地 16.84 万 hm²。该区拥有安庆沿江湖泊群在内的大量湿地，包括鄱阳湖水系、湖口以下干流和太湖水系 3 个二级流域，饶河、鄱阳湖环湖区、巢滁皖及沿江诸河、青弋江和水阳江及沿江诸河、湖西及湖区 5 个三级流域，涉及池州、黄山、安庆、滁州、合肥、六安、马鞍山、芜湖、宣城、铜陵共 10 个地级市。

（2）淮河区

淮河区位于安徽省北部，也是安徽省主要湿地分布区，湿地面积 40.28 万 hm²，占全省湿地的 38.67%。包括河流湿地 12.11 万 hm²，湖泊湿地 10.92 万 hm²，沼泽湿地 1.34 万 hm²，人工湿地 15.91 万 hm²。包括淮河上游（王家坝以上）、淮河中游（王家坝至洪泽湖出口）、淮河下游（洪泽湖出口以下）、沂沭泗河 4 个二级流域，王家坝以上北岸、蚌洪区间北岸、蚌洪区间南岸、王蚌区间北岸、王蚌区间南岸、高天区、湖西区 7 个三级支流，涉及阜阳、蚌埠、滁州、亳州、淮北、宿州、淮南、六安、安庆、合肥共 10 个地级市。

（3）东南诸河区

东南诸河区位于安徽省南部，湿地面积较少，仅 0.95 万 hm²，占总湿地面积 0.91%。主要以河流湿地为主，面积 0.88 万 hm²，还有少量人工湿地和沼泽湿地。包括钱塘江 1 个二级支流和富春江水库以上 1 个三级支流，涉及黄山、宣城两个地级市。

（二）安徽省水鸟种类

参考刘金等（2019）的"主要在水域及其周边栖息，并在身体结构上具有一系列适应于游泳、潜水或涉水特征的鸟类"的标准划分，中国现有水鸟共计 296 种，隶属于 11 目 29 科，包括雁形目、鹤䴗目、红鹳目、鹤形目、鸻形目、鹲形目、潜鸟目、䴙䴘目、鹳形目、鲣鸟目和鹈形目。2017 年出版的《安徽鸟类图志》共收录安徽省分布的水鸟 9 目 19 科 133 种。按照《中国鸟类分类与分布名录（第四版）》（郑光美，2023 年）的分类系统，补充近些年新纪录物种，安徽省共分布有水鸟 10 目 21 科 148 种（表 2-2）。

从居留型[①]组成（图 2-1）来看，安徽省的湿地鸟类以冬候鸟和旅鸟为主，二者分别有 57 种和 48 种，占总物种数的 38.51% 和 32.43%。另有 13 种迷鸟，多为迁徙途中迷路或与其他迁徙鸟混群到达安徽。因此，安徽省湿地主要为鸟类提供越冬和迁徙经停场所，留鸟和繁殖鸟种类相对较少。

---

① 有一部分迁徙鸟类，因天气或其他原因，出现在远离其迁徙路线或越冬地的现象，这部分鸟类被称为迷鸟。在对迷鸟进行风险指数评估时，可根据其在疫源地活动的时间长短将其归入旅鸟或冬候鸟进行评估。

表 2-2　安徽省水鸟分布情况

序号	目	科数	科数占比（%）	种数	种数占比（%）
1	雁形目 ANSERIFORMES	1	4.76%	35	23.65%
2	䴙䴘目 PODICIPEDIFORMES	1	4.76%	4	2.70%
3	红鹳目 PHOENICOPTERIFORMES	1	4.76%	1	0.68%
4	鹤形目 GRUIFORMES	2	9.52%	17	11.49%
5	鸻形目 CHARADRIIFORMES	9	42.86%	65	43.92%
6	潜鸟目 GAVIIFORMES	1	4.76%	2	1.35%
7	鹱形目 PROCELLARIIFORMES	1	4.76%	1	0.68%
8	鹳形目 CICONIIFORMES	1	4.76%	2	1.35%
9	鲣鸟目 SULIFORMES	1	4.76%	1	0.68%
10	鹈形目 PELECANIFORMES	3	14.29%	20	13.51%
	合计	21	100.00%	148	100.00%

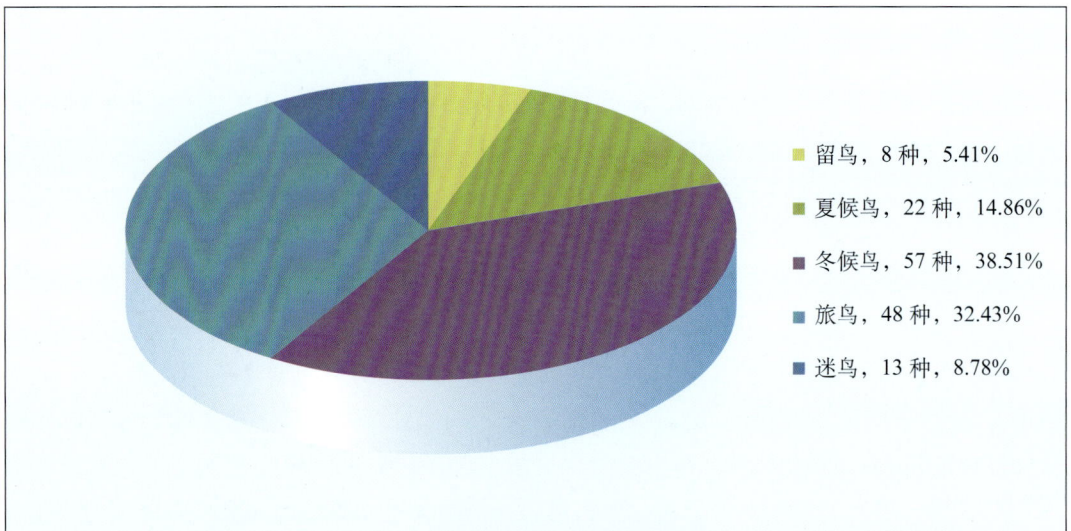

图 2-1　安徽省湿地鸟类居留型组成

（三）疫源水鸟风险分析

1.风险分级方法

所有鸟类均可能携带病原，并在种群内和不同物种之间传播，进而感染家禽乃至人类。因此，不同疫源水鸟的传播风险与其数量、集群规模、居留型以及与家禽和人类活动的关系相关。数量越大、集群规模越大，在种群内部传播的风险越大，疫情暴发的风险越大。从居留型来看，迁徙鸟类的传播风险大于留鸟。在迁徙鸟中，冬候鸟在疫源地大量聚集、栖息时间长且在多个栖息地之间来回迁飞，其传播风险大于旅鸟。夏候鸟在疫源地很少集群，因此传播风险较低。此外，部分鹭类及秧鸡类在安徽省范围内迁徙距离较短，疫病传播风险在迁徙鸟类中最低。有些水鸟直接与家鸭、雁鹅、番鸭等家禽混群，这些水鸟一旦出现疫情，极易传染给家禽，甚至传染给人类，这类水鸟的传播风险大于不与家禽混群的鸟类。有些水鸟，如雁鸭类、鸬鹚、白骨顶等，历史上曾长期被栖息地周边百姓捕食。近些年随着保护意识的提升，捕食野生动物的现象已全面禁止，但个别非法偷猎的行为依然存在。一旦这类水鸟出现疫情，则存在直接传染给人类的风险。综合以上因素，对不同评价参数进行风险等级划分，并进行赋值（表2-3），藉此评价湿地鸟类作为疫源的传播风险等级（附录1）。

表2-3 疫源水鸟风险指数评估方法

序号	评价参数	等级	风险指数
1	居留型	冬候鸟	5
		旅鸟	4
		夏候鸟	3
		短距离迁徙水鸟	2
		留鸟	1
2	数量	>10000只	5
		1000~9999只	4
		100~999只	3
		2~99只	2
		单只	1
3	集群规模	>10000只	5
		1000~9999只	4
		100~999只	3
		2~99只	2
		单只	1
4	传染家禽风险	与家禽直接混群	2
		与家禽间接混群	1
5	传染人类风险	存在人类非法捕猎现象	2
		罕见人类非法捕猎现象	1

2. 疫源水鸟风险分级

安徽省范围内分布的 148 种水鸟中，一共有 30 种为高风险疫情水鸟（表 2-4）。

表 2-4　安徽省高风险疫情水鸟

序号	中文名	学名	居留型	各参数评分					风险评分
				居留型	数量	集群	传染家禽	传染人类	
1	豆雁	*Anser fabalis*	W	5	5	5	2	2	19
2	短嘴豆雁	*Anser serrirostris*	W	5	5	5	2	2	19
3	白额雁	*Anser albifrons*	W	5	5	5	2	2	19
4	花脸鸭	*Anas formosa*	W	5	5	5	2	2	19
5	小天鹅	*Cygnus columbianus*	W	5	5	4	2	2	18
6	鸿雁	*Anser cygnoides*	W	5	4	4	2	2	17
7	灰雁	*Anser anser*	W	5	4	4	2	2	17
8	绿翅鸭	*Anas crecca*	W	5	5	3	2	2	17
9	斑嘴鸭	*Anas poecilorhyncha*	R	5	5	3	2	2	17
10	小白额雁	*Anser erythropus*	W	5	4	3	2	2	16
11	赤麻鸭	*Tadorna ferruginea*	W	5	4	3	2	2	16
12	罗纹鸭	*Anas falcata*	W	5	4	3	2	2	16
13	绿头鸭	*Anas platyrhynchos*	W	5	4	3	2	2	16
14	针尾鸭	*Anas acuta*	W	5	4	3	2	2	16
15	白骨顶	*Fulica atra*	W	5	5	3	1	2	16
16	鹤鹬	*Tringa erythropus*	W	5	5	4	1	1	16
17	黑腹滨鹬	*Calidris alpina*	W	5	5	4	1	1	16
18	普通鸬鹚	*Phalacrocorax carbo*	W	5	5	3	1	2	16
19	翘鼻麻鸭	*Tadorna tadorna*	W	5	3	3	2	2	15
20	赤颈鸭	*Anas penelope*	W	5	3	3	2	2	15
21	红头潜鸭	*Aythya ferina*	W	5	4	3	1	2	15
22	红嘴鸥	*Larus ridibundus*	W	5	5	3	1	1	15
23	鸳鸯	*Aix galericulata*	W	5	3	2	2	2	14
24	赤膀鸭	*Anas strepera*	W	5	3	2	2	2	14
25	琵嘴鸭	*Anas clypeata*	W	5	3	2	2	2	14
26	青头潜鸭	*Aythya baeri*	W	5	3	3	1	2	14
27	白眼潜鸭	*Aythya nyroca*	W	5	3	3	1	2	14
28	反嘴鹬	*Recurvirostra avosetta*	W	5	3	3	1	1	14
29	东方白鹳	*Ciconia boyciana*	W	5	4	3	1	1	14
30	白琵鹭	*Platalea leucorodia*	W	5	4	3	1	1	14

注："W"代表冬候鸟；"P"代表旅鸟；"R"代表留鸟。

这些水鸟在安徽省的居留型均以冬候鸟为主。其中，斑嘴鸭和绿头鸭有部分留鸟种群，豆雁、短嘴豆雁、白额雁、小天鹅、鸿雁、灰雁、小白额雁、针尾鸭、鹤鹬、黑腹滨鹬、翘鼻麻鸭、红头潜鸭、红嘴鸥、鸳鸯、赤膀鸭、青头潜鸭、反嘴鹬、东方白鹳、白琵鹭存在部分迁徙种群，在安徽省部分区域存在迁徙期种群数量大于越冬期的现象。

从数量来看，豆雁、短嘴豆雁、白额雁、花脸鸭、小天鹅、绿翅鸭、斑嘴鸭、白骨顶、鹤鹬、黑腹滨鹬、普通鸬鹚、红嘴鸥在安徽省迁徙期和越冬期总数量可超过1万只。其中，豆雁、白额雁、花脸鸭存在上万只的集群。

高风险疫情水鸟中的雁鸭类普遍存在与家鸭、雁鹅等混群的现象，且历史上普遍被人类捕猎食用。这些鸟类存在较高的传染家禽及人类的风险。

二、安徽省主要水鸟集中地

(一) 长江区

1. 空间分布情况

长江区集中分布了安徽省60.42%的湿地，沿江湖泊、巢湖及大型水库均有水鸟聚集，数量高达20万只。其中，以升金湖、菜子湖、武昌湖鸟类最多。

2. 主要疫源地

(1) 升金湖

升金湖位于长江下游南岸，跨池州市东至县和贵池区，中心点坐标117°07′50″E、30°23′30″N，面积78.48 km²。通过黄湓河与长江相连，1960年黄湓闸建成后不再通江。升金湖生境较为原始，野生动植物资源丰富，是安徽省越冬水鸟数量最大的湖泊，也是唯一的国际重要湿地，由升金湖国家级自然保护区管辖。根据往年水鸟调查结果，升金湖每年越冬水鸟数量约为3.5万～5万只，以豆雁、白额雁、斑嘴鸭、白琵鹭、小天鹅、红嘴鸥数量最多。

(2) 菜子湖

菜子湖位于长江下游北岸，跨安庆市宜秀区、桐城市和铜陵市枞阳县，中心点坐标117°08′34″E、30°50′54″N面积172.1 km²。菜子湖承接大别山来水，通过长河与长江相连，1959年枞阳闸建成后不再通江。包括菜子湖、嬉子湖和白兔湖三个湖区，分别由安庆菜子湖国家湿地公园、桐城嬉子湖国家湿地公园和安庆沿江湿地省级自然保护区管辖，是安徽省第一批重要湿地。根据往年水鸟调查结果，菜子湖每年越冬水鸟数量为2万～5万只，以豆雁、白额雁、斑嘴鸭、小天鹅、鸬鹚、黑腹滨鹬数量最多。

(3) 龙感湖

龙感湖位于长江下游北岸，主体位于安徽省宿松县境内，西部部分湖区为湖北省黄梅县辖区，中心点坐标116°15′10″E、30°01′11″N，面积316.2 km²。龙感湖是古彭蠡泽的一部分，1955年后，华阳闸、杨湾闸及同马大堤逐渐修建，龙感湖入江通道受阻。龙感湖由宿松华阳河湖群省级自然保护区管辖，为安徽省重要湿地。根据往年调查结果，龙感湖越冬水鸟数量在1万只左右，以豆雁、灰雁、小天鹅、红头潜鸭、凤头麦鸡数量最多。龙感湖东南角华阳河四场的农田内常有数百只豆雁觅食。

（4）黄大湖

黄大湖位于长江下游北岸，宿松县境内，中心点坐标 116°23′25.910″E、30°0′51.872″N，面积 299.2 km²。与龙感湖相连，均为古彭蠡泽的残留，经华阳闸和杨湾闸入江。由黄湖和大官湖两部分组成，属宿松华阳河湖群省级自然保护区管辖，安徽省重要湿地。根据往年调查结果，黄大湖越冬水鸟数量在 1 万～1.2 万只，以豆雁、灰雁、小天鹅、白额雁、鹤鹬、斑嘴鸭等为主。在黄大湖南面新洲头农田内常有数千只豆雁觅食。

（5）泊湖

泊湖位于长江下游北岸，跨宿松县、太湖县、望江县，中心点坐标 116°28′54″E、30°15′11″N，面积 180.4 km²。与黄大湖相连，均为古彭蠡泽的残留，经华阳闸和杨湾闸入江。属安庆沿江湿地省级自然保护区管辖，安徽省重要湿地。根据往年调查结果，黄大湖越冬水鸟数量在 0.5 万～1.5 万只，以豆雁、斑嘴鸭、鹤鹬、黑腹滨鹬、红嘴鸥、赤麻鸭等为主。在泊湖东面九城畈农场的农田内常有数千只豆雁觅食。

（6）武昌湖

武昌湖位于长江下游北岸望江县境内，中心点坐标 116°45′00″E、30°23′35″N，面积 100.5 km²。与黄大湖相连，均为古彭蠡泽的残留，经华阳闸和杨湾闸入江。属安庆沿江湿地省级自然保护区管辖，安徽省重要湿地。根据往年调查结果，武昌湖越冬水鸟数量受秋季水位高低影响非常大，秋季高水位时水鸟可低至 3171 只（2011 年），秋季低水位时水鸟可高达 5 万只以上。武昌湖水鸟以豆雁、灰雁、斑嘴鸭、小天鹅、黑腹滨鹬、绿翅鸭等为主，下湖常见数百只东方白鹳和数十只白鹤栖息。

（7）麻塘湖

麻塘湖位于怀宁县境内石牌镇西北，中心点坐标 116°37′07″E、30°25′27″N，经泥塘河、幸福河入皖河。是一座以灌溉功能为主的水库，建成于 1958 年 4 月，库容 4230 万 m³。麻塘湖尚未被纳入保护地体系，但每年冬季都有数百至数千只雁鸭类在此越冬。以斑嘴鸭、罗纹鸭、赤颈鸭、绿头鸭、鹤鹬等为主。

（8）七里湖

七里湖位于安庆市大观区海口镇，中心点坐标 116°53′45″E、30°30′14″N。它是皖河河道的一部分，距离皖河汇入长江口约 5 km。在汛期形成广袤的湖泊景观，9 月份以后水位下降，皖河河道仅余不足百米，其余河漫滩露出水面，成片薹草生长旺盛，形成广阔的河漫滩，最宽处可达 3km 以上，在冬季为越冬水鸟提供良好的觅食和隐匿场所。独特的地理环境使得七里湖保存了长江下游通江湖泊原始风貌，曾一次性记录多达 246 只东方白鹳集群，也不乏黑鹳、白头鹤、白鹤等珍稀鸟类。该区域目前整体被纳入安庆江豚自然保护区。根据往年调查，七里湖栖息的越冬水鸟数量在 2000～5000 只，主要种类有豆雁、白额雁、小天鹅、白琵鹭等。

（9）石门湖

石门湖位于安庆市大观区，中心点坐标 116°54′47″E、30°30′23″N。石门湖是长江下游仅存的几个通江湖泊之一，2003 年三峡截流以后，仅汛期通江，枯水期与长江隔绝。2017 年，月山河疏浚和石门湖港的建设，使得石门湖成为一个以航运功能为主的通江水体。根据往年调查结果，石门湖的越冬水鸟数量为 1000～2000 只，主要种类有反嘴鹬、白琵鹭、鹤鹬、苍鹭、小天鹅等。

（10）破罡湖

破罡湖由破罡湖、石塘湖两部分组成，位于安庆市东北部，隔广济圩大堤与长江相望，中心点坐标 117°9′2″E、30°39′1″N，面积 66 km²。20 世纪 80 年代后，陆续建成窑沟闸、金家闸、破罡闸等排涝站，水位超过 12.5m 时，即开机排涝。石塘湖部分目前归大龙山风景名胜区管理，破罡湖部分为安庆沿江湿地省级自然保护区一部分。根据往年调查，破罡湖越冬水鸟总数为 1000～2000 只，以绿翅鸭、斑嘴鸭、鸬鹚、红嘴鸥为主。

（11）白荡湖

白荡湖位于枞阳县境内，中心点坐标 117°23′41″E、30°53′22″N，面积 39.6km²。入湖河流有罗昌河、钱桥河、麻埠河等，经白荡闸入长江。白荡湖属安庆沿江湿地省级自然保护区管理，为安徽省重要湿地。根据往年调查，白荡湖水鸟总数为 1 万～2 万只，以斑嘴鸭、小天鹅、反嘴鹬、黑腹滨鹬、灰鹤、豆雁为主。

（12）陈瑶湖

陈瑶湖位于铜陵市郊区陈瑶湖镇境内，中心点坐标 117°41′21″E、30°53′58″N，面积 19.37 km²。西纳横埠河来水，经梳妆台闸和湖东闸注入长江。陈瑶湖为安庆沿江湿地省级自然保护区一部分，安徽省重要湿地。根据往年调查，陈瑶湖水鸟总数约为 1 万只，主要鸟类有豆雁、红嘴鸥、苍鹭、白琵鹭、反嘴鹬、赤颈鸭、白眼潜鸭等。夜间，附近农田中常有大量雁鸭类觅食。

（13）枫沙湖

枫沙湖跨无为、铜陵郊区两县级行政区，中心点坐标 117°37′52″E、30°55′51″N，面积 18.88 km²。纳彭桥河来水，与陈瑶湖有涵闸相通。枫沙湖为安庆沿江湿地省级自然保护区一部分，安徽省重要湿地。根据往年调查，枫沙湖水鸟总数为 8000～14000 只，主要鸟类有豆雁、白额雁、小天鹅、鸿雁等。夜间，附近农田中常有大量雁鸭类觅食。

（14）巢湖

巢湖跨巢湖市、肥西县、肥东县、包河区四个县级行政区，中心点坐标 117°32′39″E、31°32′1″N，面积 769.55 km²。主要入湖河流有杭埠河、白石天河、上派河、南淝河、柘皋河等，裕溪河为下泄入江的唯一通道。根据往年调查，巢湖约有越冬水鸟 3500 只左右。主要鸟类有绿头鸭、斑嘴鸭、鸬鹚、小天鹅等。巢湖及周边湿地是鸻鹬类迁徙期重要经停场所。

（15）石臼湖

石臼湖跨安徽省当涂县、江苏省南京市高淳区、溧水区三个县级行政单元，中心点坐标 118°52′24″E、31°27′35″N，面积 210.4 km²。为古丹阳湖一部分，同时承接青弋江、水阳江来水，有鲁港、芜湖、当涂三个入江通道，是长江下游不多的通江湖泊之一。石臼

32°54′44″N，面积58 km²。原与女山湖连成一体，后由旧县节制闸相隔。主要入湖河流有陡涧和涧溪河，南承女山湖来水，北经猫儿湖入淮河，为一过水性湖泊。根据历史调查数据，七里湖约有越冬水鸟3500只，主要物种有豆雁、普通鸬鹚、小天鹅、红头潜鸭、赤膀鸭、绿头鸭等。

（3）沱湖

沱湖位于五河县境内，中心点坐标117°50′26″E、33°11′43″N，面积40 km²。原为沱河河道，黄河南徙夺淮后，泥沙封淤沱河河口积水成湖，1956年建北店子节制闸后，成为水库型湖泊。目前由五河沱湖省级自然保护区管辖，安徽省重要湿地。根据历史调查数据，沱湖有越冬水鸟1万只左右，主要物种有白骨顶、赤膀鸭、小䴙䴘、凤头䴙䴘、绿头鸭等。

（4）焦岗湖

焦岗湖跨凤台、颖上两县，中心点坐标116°35′55.68″E、32°35′31.43″N，面积40 km²。原为淮河支流河道，黄河南徙夺淮后，泥沙封淤出流河口积水成湖。由淮南焦岗湖国家湿地公园管辖，安徽省重要湿地。根据历史调查数据，焦岗湖约有越冬水鸟1500只，主要物种有豆雁、灰雁、白骨顶、小䴙䴘等。

（5）八里河

八里河位于颖上县境内，中心点坐标116°16′23″E、32°35′39″N，面积51 km²。1955年的淮河堵口和八里河的改道工程，截流八里河水入淮通道，开通八里河水入颖河的流径，建闸截流，八里河成为颖河支流。由颖上八里河省级自然保护区管辖，安徽省重要湿地。根据历史调查数据，八里河有越冬水鸟500~1000只，主要物种有普通鸬鹚、灰雁、小䴙䴘、苍鹭等。

（6）迪沟湿地

迪沟湿地位于颖上县境内，中心点坐标116°21′24.91″E、32°47′38.06″N。地处淮北平原南部的济河与西淝河交汇地带，是在原湖泊洼地的基础上，煤矿塌陷形成的半天然半人工湖。由颖上迪沟国家湿地公园管辖，安徽省重要湿地。根据历史调查，迪沟约有越冬水鸟200~500只，主要种类有斑嘴鸭、绿头鸭、绿翅鸭、小䴙䴘等。

（7）颖州西湖

颖州西湖位于阜阳市颖州区境内，中心点坐标115°39′7.66″E、32°55′39.14″N，面积20.7 km²。为泉河支流，是三十里河河道的一部分。由颖州西湖国家湿地公园管辖，安徽省重要湿地。根据历史调查，颖州西湖有水鸟300~500只，以斑嘴鸭、绿头鸭、罗纹鸭、黑水鸡为主。

（8）道源湿地

道源湿地位于涡阳县城西北部涡河与武家河交汇处，中心点坐标116°11′21.32″E、33°32′13.43″N，面积8.5 km²。由煤矿塌陷而形成的塌陷湖泊湿地，位于武家河河道上，往东南2km汇入涡河。由涡阳道源国家湿地公园管理，安徽省重要湿地。根据历史调查，道源湿地约有越冬水鸟1000只，以白骨顶、斑嘴鸭、绿头鸭、罗纹鸭、小䴙䴘为主。

（9）城西湖

城西湖位于淮河右岸、霍邱县城西侧，中心点坐标 116°17′19″E、32°24′20″N。为黄河夺淮后，沣河下游河口段淤积而成，经沿岗河汇入淮河。由霍邱东西湖省级自然保护区管理，安徽省重要湿地。根据历史调查，城西湖有越冬水鸟 3000~5000 只，主要类群有斑嘴鸭、绿头鸭、绿翅鸭、赤麻鸭、红头潜鸭、普通鸬鹚等。

（10）城东湖

城东湖位于霍邱县城东部，中心点坐标 116°22′11″E、32°20′29″N。由汲河河水向两岸漫溢而成，经泥泊渡、城东湖闸，在溜子口入淮河。由霍邱东西湖省级自然保护区管理，安徽省重要湿地。根据历史调查，城东湖有越冬水鸟 500~1000 只，主要类群有斑嘴鸭、绿头鸭、普通鸬鹚、小䴙䴘、凤头䴙䴘等。

（11）瓦埠湖

瓦埠湖跨寿县、长丰县及谢家集区三个县级行政单元，中心点坐标 116°51′12″E、32°30′04″N，面积 163 km²。由东淝河下游河段，积水而成。入湖河流主要为瓦埠河、东淝河和陡涧河等。下游经东淝河干流汇入淮河。安徽省重要湿地。根据历史调查，瓦埠湖有越冬水鸟 6000~10000 只，主要物种有绿翅鸭、斑嘴鸭、豆雁、鸿雁、白骨顶、绿头鸭等。

（12）三汊河

三汊河位于蚌埠市淮上区曹老集、梅桥两乡镇的交界处，中心点坐标 117°19′24.34″E、33°2′47.25″N，面积 5.3 km²。由老淝河、北淝河及黄马沟交汇形成，出湖河流为北淝河。由蚌埠三汊河国家湿地公园管辖，安徽省重要湿地。根据历史调查，三汊河有越冬水鸟 500~1000 只，以斑嘴鸭、绿头鸭、绿翅鸭、白骨顶为主。

（13）佛子岭水库

佛子岭水库位于淮河支流淠河东源上游的霍山县境内，中心点坐标 116°15′16.94″E、31°18′25.11″N，面积 11.2km²。1954 年建成，坝址在安徽省霍山县城西南 17km 处，漫水河、黄尾河径流入库，东淠河为唯一出库河流。根据历史调查，佛子岭水库约有越冬水鸟 600 只，主要物种有鸳鸯、普通鸬鹚、斑嘴鸭、中华秋沙鸭等。

（14）响洪甸水库

响洪甸水库位于淮河支流淠河东源上游的金寨县境内，中心点坐标 116°4′38.60″E、31°32′34.01″N，面积 12.8 km²。1958 年建成，坝址在金寨县响洪甸镇。坝址以上有燕子河、青龙河（姜家河）、宋家河、乌鸡河、莲花河、三湾河、石家河 7 条支流以及数条溪流汇入，西淠河为唯一出库河流。根据历史调查，响洪甸水库约有越冬水鸟 300 只，主要物种有普通鸬鹚、绿头鸭、普通秋沙鸭、小䴙䴘等。

（15）梅山水库

梅山水库位于淮河支流史河上游的金寨县境内，中心点坐标 115°51′4.51″E、31°40′23.34″N，面积 10.2 km²。1956 年建成，坝址在金寨县梅山镇大小梅山之间。主要入库河流有史河、麻河、双河、白水河、熊家河等，出库河流为史河。根据历史调查，梅山水库约有越冬水鸟 200 只，主要物种有普通鸬鹚、绿头鸭、小䴙䴘、鸳鸯等。

第二节
安徽省水鸟迁徙规律

一、安徽省水鸟迁徙主要经停区

水鸟迁徙的原因尚存在诸多争议，不同鸟类迁徙路线不同，甚至同一种鸟类的不同种群，其迁徙路线也有差异。目前为止，针对水鸟迁徙路线的研究工作已经广泛开展，尤其是环志和卫星信号标记的工作取得了长足进步，但仍然不足以全面揭示水鸟迁徙路线。

安徽省位于东亚—澳大利亚候鸟迁徙路线上，省内丰富的湿地资源为水鸟迁徙提供了补给和停栖场所。在安徽省范围内，存在四个主要水鸟迁徙经停区，分别为沿淮水鸟迁徙经停区、东淝河水鸟迁徙经停区、环巢湖水鸟迁徙经停区以及沿江水鸟迁徙经停区(图2-2)。

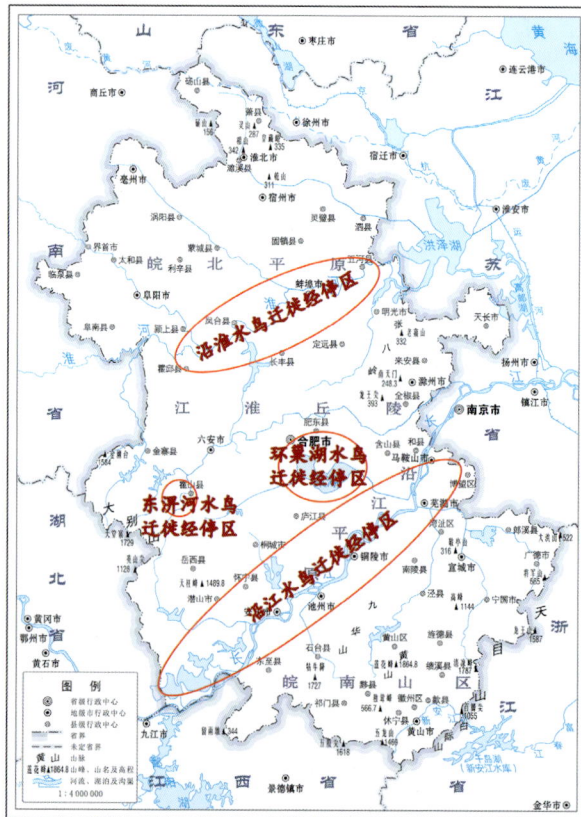

图 2-2 安徽省主要水鸟迁徙经停区

沿淮水鸟迁徙经停区主要为雁鸭类、鹳类、鹤类提供迁徙期经停场所；东淝河水鸟迁徙经停区为恶劣天气时不能飞越大别山的鸟类提供经停场所，在每年的11月份寒流到来时，有上万只雁鸭类、鹤类、鹳类、鸥鹬等在此停栖，等待天气好转后继续南飞；环巢湖湿地每年都能观测到数量不多但种类丰富的鸻鹬类经停，也可见到少量雁鸭类和鹳类经停，巢湖周边低山也常见大量猛禽过境；沿江水鸟经停区是到达鄱阳湖越冬鸟类的重要经停区，除灰鹤等少数鸟类以外，绝大多数抵达鄱阳湖越冬的鸟类均经停沿江湿地。

二、安徽省水鸟迁徙主要目的地

历史上，长江中下游地区存在三大沼泽，即云梦泽、彭蠡泽和薮震泽。广袤的沼泽湿地和丰富的植被为鸟类越冬提供了充足的食物资源，自古以来就是鸟类重要越冬场所。随着人类文明的进程，水利设施和围湖造田逐步蚕食沿江沼泽。长江中下游的四大湿地中，涉及安徽的有古彭蠡泽和薮震泽。

薮震泽为薮泽和震泽的合称，震泽演变成太湖，薮泽则演变成古丹阳湖。大概包括如今的南陵县至高淳区，宣州区至江宁区丹阳镇之间的范围。历史上，长江中江通道过此区域，经漳河入薮震泽后入海。在长期的围湖造田以后，仅残存石臼湖、固城湖和南漪湖。目前，固城湖和南漪湖已成为水库型湖泊，常年维持较高水位，已不适应鸟类生存。石臼湖虽依然通江，但该湖同时承接青弋江和水阳江来水，水位落差极大，在干旱年份甚至从9月份开始即完全干涸。不稳定的水文情势也使得石臼湖不能成为稳定的水鸟越冬地。

安庆沿江湿地在古代隶属于彭蠡沼泽的一部分，东晋以后，随着荆江大堤的修建，在九江段江道趋于稳定，形成南北两部分，南部形成今天的鄱阳湖，北部形成古雷池。古雷池经长期的围湖造田逐渐萎缩成如今的龙感湖、黄大湖、泊湖和武昌湖，和菜子湖、破罡湖、白荡湖、陈瑶湖、枫沙湖一起合成安庆沿江湿地湖泊群，安庆沿江湿地湖泊群与江南的升金湖、平天湖、丰收圩、十八索一起，共同组成了如今安徽省最大的水鸟越冬地，也是安徽省目前最大的水鸟迁徙目的地。该区域主要越冬水鸟以雁鸭类为主，在全国水鸟迁徙中具有举足轻重的地位。全国约50%的豆雁、40%的白头鹤、70%的黑鹳、30%的东方白鹳、25%的白琵鹭，以及10%的小天鹅均栖息于此。

三、各类群水鸟迁徙规律

1. 雁鸭类

总体而言，安徽省的雁鸭类多在中国东北地区至西伯利亚繁殖，越冬地以安庆沿江湿地①及鄱阳湖为主。参考对白额雁和赤麻鸭的环志信息，迁徙路线大致经宿州、蚌埠一线往南，经肥西，沿大别山东缘到达安庆沿江湿地，部分种群继续南迁至鄱阳湖越冬。豆雁的迁徙路线可能更宽阔，整个安徽省北方均可能位于其迁徙路线上，甚至可直接飞越大别山抵达安庆沿江湿地。

2. 鸻鹬类

鸻鹬类迁徙路线的研究工作主要是在沿海开展的，目前尚无安徽省鸻鹬类迁徙路线环志方面研究工作。安徽省越冬的鸻鹬类主要有反嘴鹬、青脚鹬、鹤鹬、黑腹滨鹬、凤头麦鸡等，经停的鸻鹬类中数量较多的物种有黑翅长脚鹬、灰鸻、金鸻等。其迁徙路线在安徽省内可能是在沿淮湿地经停后，过环巢湖湿地抵达安庆沿江湿地。鸻鹬类飞行能力比雁鸭类弱，沿途浅水沼泽、养殖塘、湖畔，甚至是未耕作的水田，均可能是鸻鹬类迁徙期补给场所。

环巢湖湿地可能在鸻鹬类迁徙中扮演了重要角色，根据近些年野外观察，环巢湖湿地共记录有迁徙鸻鹬类 47 种，不乏红颈瓣蹼鹬、长嘴半蹼鹬、灰尾漂鹬、红脚鹬、翻石鹬、三趾滨鹬等沿海迁徙种。在安庆沿江发现有少量长趾滨鹬、红颈滨鹬、流苏鹬、黑尾塍鹬等经停。尽管物种丰富，数量却不多，多为多个种组成的数十只小群。

3. 鹤类

安徽越冬的鹤类有 6 种，分别为白鹤、白枕鹤、白头鹤、灰鹤、丹顶鹤及沙丘鹤。

灰鹤在我国有两条迁徙路线，西部路线繁殖地在俄罗斯东部及我国新疆，迁徙期经陕西抵达鄱阳湖越冬，安庆沿江湿地偶见少量灰鹤，应为鄱阳湖越冬种群迁移至此。

白鹤的繁殖主要在西伯利亚，鄱阳湖是其主要越冬地，安庆沿江湿地有少量越冬。针对白鹤的环志记录显示，安徽省的五河、定远、庐江一线以西均是白鹤迁徙路线，沿淮湿地甚至的太和、阜南的一些湿地均是白鹤迁徙经停地。除少量白鹤选择直接飞越大别山以外，大部分白鹤在霍山、舒城等地向东，贴大别山南缘沿桐城、怀宁、潜山一线往西南抵达鄱阳湖，亦有相当数量的白鹤选择在菜子湖北部的梅花大圩聚集后分散到安庆沿江湿地各湖，或继续往西南抵达鄱阳湖。

白枕鹤的主要繁殖地在我国东北及以北地区，鄱阳湖是其主要越冬地之一。目前尚无关于安徽省白枕鹤迁徙的环志资料，根据野外观测及救护信息，白枕鹤可能是直接飞越大别山南下，或从大别山东缘直接抵达菜子湖。从近些年调查情况来看，白枕鹤在安徽省内的越冬种群数量并不多，一般在 20 只以内。

白头鹤主要在我国东北地区及西伯利亚繁殖，在我国越冬的种群数量约为 1000 只，其中在安庆沿江湿地越冬的白头鹤数量约为 500 只，菜子湖、武昌湖、升金湖是其主要越冬地。目前尚无关于安徽省白头鹤迁徙路线的环志信息，根据野外观察，菜子湖梅花大圩可能是其迁徙种群南下和北归的主要集中地（2023 年 2 月 19 日在菜子湖一次性记录 550 只）。

丹顶鹤历史上在升金湖和石臼湖均有越冬，20 世纪 80 年代以后在安徽的观测记录中，2021 年 1 月份在石臼湖再次记录 4 只丹顶鹤越冬。卫星信号显示，石臼湖的丹顶鹤经辽

---

① 如无特别说明，本书所述安庆沿江湿地是指包括龙感湖、黄大湖、泊湖、武昌湖、七里湖、石门湖、破罡湖、菜子湖、白荡湖、陈瑶湖、枫沙湖、升金湖、平天湖、丰收圩、十八索在内的湿地湖泊群。

宁盘锦至盐城后继续南飞至石臼湖。

沙丘鹤在安徽为迷鸟，与白头鹤混群抵达安庆菜子湖。

4. 鹳类

安徽省越冬的鹳类一共有两种，分别为东方白鹳和黑鹳。

根据东方白鹳的卫星信号信息，南京、高淳、芜湖一线以西至凤台、六安、霍山一线以东均为其迁徙路线，在铜陵至舒城之间，迁徙路线变窄，基本沿皖南山区和大别山区之间的沿江平原展开，向南可达鄱阳湖南岸。从卫星追踪信号来看，部分东方白鹳在桐城、霍山、舒城境内可直接飞越大别山，甚至有少数个体从霍山经岳西县城飞抵宿松，花亭湖水库周边也有东方白鹳的停栖记录。从野外观察来看，东方白鹳的越冬地非常宽泛，几乎是逐食物而居。在武昌湖、七里湖、石门湖、升金湖、菜子湖、环巢湖湿地均观测过数百只东方白鹳集群，湖泊或养殖塘水位下降是其大规模集群的主要因素。

黑鹳在我国的越冬种群总数仅为 100 只左右，关于黑鹳的野外记录也较少，亦无涉及安徽省黑鹳迁徙路线的环志信息。近些年来，越来越多的黑鹳在长江中的岛屿被发现。安庆江心洲、清洁洲、铜陵黑沙洲均有 10 余只黑鹳的观测记录，在安庆江心洲洲头甚至有一次性目测 70 余只的记录。

第三节
水鸟与疫病传播

众多疫病病毒来源于野生动物，尤其是具有飞翔能力的鸟类，鸟类所携带的病毒传播广泛，威胁人畜安全。因此，充分了解鸟类携带疫病情况以及鸟类迁徙路线中重点区域的疫病风险，对疫病防控非常重要。

鸟类属温血动物，具有高度的物种多样性、特有的行为（如筑巢、迁徙等）和独特的适应性免疫系统，是病毒的天然宿主，包括流感病毒、冠状病毒和腺病毒等。野生鸟类跨洲际和国家的迁徙活动将全球各地联系在一起，不同物种的鸟类迁移模式具有一定差异，但飞行路线存在重叠，鸟类集群和迁徙习性加大了病原交叉传播威胁，因此发生了不同病毒随野生鸟类迁徙交叉感染，在洲际间传播疫病的情况。近年来，全世界新出现或重新出现20余种病毒，多数属人与动物共患病毒，野生鸟类与人畜的接触是其中主要因素之一。

截至2021年，我国发现鸟类1491种，排世界第六位，水鸟占半数以上。我国鸟类迁徙路径主要有3条，东部路线鸟类跨越黑龙江、吉林、辽宁三省和华北东部地区，沿海岸线迁往华中和华南直至东南亚地区，或迁往日本、澳大利亚等地，涉及黄河三角洲、莫莫格、向海、辽河入海口和獾子洞水库等湿地和保护区；中部路线鸟类由内蒙古中部及东部、华北西部和陕西中南部翻越秦岭迁至四川或以南越冬，涉及河套平原、红碱淖和三门峡黄河公园等重要农产区和湿地保护区；西部路线由内蒙古西部、甘肃等荒漠地区或高原草甸地区迁至四川、云南和西藏等地。斑头雁（*Anser indicus*）等大型鸟类能够跨越喜马拉雅山至尼泊尔越冬，路线涉及雅鲁藏布江、青海湖、扎陵湖、羊卓雍措和鄂陵湖等湿地保护区，3条迁徙路线覆盖我国大部分地区。野生鸟类具有极强的飞翔能力，可进行上万千米的迁徙，为各种病原传播创造了条件。雁鸭类、鸥类和鸻鹬类等鸟类跨国迁徙，病毒在不同大陆板块间产生基因交流，加快了病毒的传播和变异。自然保护区、生态湿地、机场、野生动物园和禽类养殖场等地的防疫管理对人畜安全和经济发展尤为重要，保护区、湿地和机场等也是鸟类迁徙途中的重要栖息地。因此，需加强对鸟类疫病传播认知及防控，并提出相应的疫病防范策略，以降低鸟类疫病对相关地域的威胁。

一、水鸟成为疫源的条件

水鸟要成为一种疫源疫病的有效传播媒介，必须在感染疫病的潜伏期内到达目的地。因此，不仅疫病要有一定的感染力等先决条件，而且感染疫病的鸟类也要有一定的生命力和输出疫病的前提，否则，水鸟就不能成为有效疫源。如果传染性病原欲通过水鸟传播，则需具备一系列的先决条件。首先，该病原必须有很广的易感宿主范围（包括迁移水鸟类和家禽）；第二，该病原并不会引起水鸟发生严重疾病或是死亡，或是其在水鸟体内的潜伏期要比迁徙鸟类从首次感染地迁徙至被传播地所需时间要长；第三，该病原必须能从迁徙鸟类体内长期大量地排出；第四，该病原的感染力在外界环境中应能保持稳定；第五，家禽需与该病原有直接或间接的接触。

二、水鸟传播传染性病原的过程

传染性病原的传播是一条复杂的事件链，主要包括：① 传染性病原在宿主组织内的合成。② 通过各种途径将其分泌出来。一般而言，这些病原有通过禽类的粪便排出的，有随唾液、鼻腔分泌物以及泪腺液体排出的，也有通过蛋的孵化直接传播的。也就是说，传染性病原在生存的过程中，已形成了各种不同的传播方式，以保证其从生成部位成功转移至易感宿主。③ 宿主体外的存活期，一般称为黏着期，该期主要取决于被分泌微生物的内在特性。一些高黏性病原（如呼肠孤病毒和腺病毒）通过粪便分泌，而低黏性病原如引起马立克氏病的病毒将鸟类羽毛滤泡上皮衍变成一个可为自己提供保护的束状物，然后在宿主脱毛时随之离开宿主体内，最后寄生在该蠕虫具厚壁及高抵抗力的虫卵内。④ 排出的病原转移到新的易感宿主体内。这一步可通过不同媒介完成，包括水鸟、粪便的运输以及一些如呕吐物、气流等媒介，而且受传染病原污染的鸟类也可作为被动载体。⑤ 通过吸入、吞入或是侵入等方式进入新宿主体内。感染的效力取决于引发感染的感染因子的最低感染量，另外也受宿主年龄、易感性以及入侵途径的影响。从上面的传播链可明显看出，水鸟在传染性病原的合成、分泌、并将其远距离传播的过程中都发挥着一定的作用。水鸟既可以自身作为宿主，也可将微生物传播给农场的家禽，从而可能造成后者的感染。

新城疫和 A 型禽流感符合候鸟传播疾病 5 个条件。近年来流行的 A 型禽流感病毒大多数与迁徙性水鸟和其他候鸟有关，因为禽场的食物对它们具有不可抗拒的吸引力。候鸟可引起鸭类发生病毒性肠炎（鸭瘟）和疱疹病毒，并能感染多种野生水鸟和家养水禽。事实证明，迁徙性野鸭是导致开放式饲养的鸭场发生鸭病毒性肠炎的根源。西尼罗河病毒（WNV）是黄病毒科的一个成员，现已证明，它长期存在于非洲的一些野生鸟类中。该病毒导致几种鸟和人发生一种新的疾病。亲鸟性节肢动物有时可传播 WNV，尤其是由蚊子传播给人和鸟类，也包括家禽。与水鸟有关的其他病毒还有冠状病毒感染、副粘病毒感染、禽痘、东部马脑炎、网状内皮增生病毒感染等等，这些病毒都满足上述提到的 5 个要求。

三、水鸟对疫病的传播

通过身体接触和传播媒介（食物、水、空气），鸟类疾病通常可以从患病个体到其他鸟类、家禽、家畜乃至人类传播。例如禽霍乱对水鸟有很高的感染率，其病毒主要通过鸟与鸟之间的接触或鸟类摄取被污染的水进行传播。雪雁（*Anser caerulescens*）是禽霍乱菌的重要宿主。1984—1999 年在美国内布拉斯加州的监测表明，禽霍乱不仅每年导致大量雪雁死亡，而且还在伴生的白额雁（*Anser albifrons*）、加拿大雁（*Branta canadensis*）、针尾鸭（*Anas acuta*）和绿头鸭（*Anas platyrhynchos*）种群中传播，并导致其大量死亡。野生鸟类被认为是低致病性禽流感病毒的天然宿主。在北极繁殖的被感染鸟类，通过粪便向周边环境传播活体病毒。第二年返回北极的鸟类接触该病毒后被重新感染。通过直接的身体接触或间接接触粪便污染的土壤、水、食物及其他沾染物，野生鸟类特别是雁鸭类有可能周期性地把禽流感病毒传染给家禽。迄今为止，家禽中暴发的高致病性禽流感都是由 H5 和 H7 系列病毒引起的。有一种 HPAI 暴发机制的理论认为，当野生水鸟中的 DPAIV 传播到鸡或火鸡等家禽身上时，LPAIV 在家禽体内复制的过程中出现变异，通过 HA0 裂解区氨基酸位点的改变产生新的生物学特性，即由低致病性转为高致病性，从而导致高致病性禽流感疫情暴发。在东南亚和非洲的部分地区，野生水鸟和家禽在稻田中混杂活动，这种相互作用可能维持着野鸟和家禽中的 H5N1 高致病性禽流感病毒。另外，有些鸟类如鸦科（Corvidae）鸟类、麻雀（*Passer* spp）、家八哥（*Acridotheres tristis*）、鸠鸽（Columbidae）等，经常到庭院活动，与人类和家禽的关系密切，因而可能充当野生水鸟、陆生鸟类和家禽之间禽流感传播的媒介鸟类。

第三章

水鸟疫源疫病监测方法

第一节
水鸟种群监测方法

一、准备工作

1. 调查时间安排

调查分繁殖期、迁徙期和越冬期进行。5、6、7月份为繁殖期，4、10、11月份为迁徙期，12、1、2月份为越冬期。调查时间应安排在晴朗且风力不大（一般在三级以下）的天气进行，繁殖期调查时间应尽量安排在日出前后和日落前后（日出前0.5小时至日出后3小时；日落前3小时至日落）。

2. 调查方法选择

根据调查地点鸟类分布特征选择调查方法。调查地点鸟类为集群分布时，宜采用直接计数法；调查地点鸟类均匀分布时，宜采用样线法或样点法。一般而言，迁徙期和越冬期水鸟调查适用直接计数法；如果湿地的可行走性或可视性不佳，如芦苇生境、草甸生境等，可以采用样点法；繁殖期水鸟调查宜采用样线法。

3. 调查物品准备

提前准备好调查用品，包括单筒望远镜、双筒望远镜、三脚架、照相机、GPS（或带GPS记录功能的手机APP）（图3-1）、调查记录表、记录铅笔、数据录入表格（Excel）、雨伞或雨衣、背包、野外鞋子及衣服、笔记本电脑、应急药品。调查时尽量不穿颜色鲜艳的衣服，宜选择迷彩服或伪装服。

图3-1　水鸟监测的主要器材

二、外业调查

1. 监测区域

安徽省范围内水鸟集中分布区均为水鸟疫源疫病监测区域。重点监测区包括：

· 水鸟集中分布区域，包括集中繁殖地、越冬地、夜栖地、取食地及迁徙中途停歇地等。

· 水鸟与人、饲养动物密切接触的区域。

· 曾经发生过重大水鸟疫情的地区。

· 某种疫病的自然疫源地。

· 国家及省级主管部门要求监测的其他区域。

2. 监测内容

· 水鸟的分布状况。重点记录水鸟的物种、数量、集中繁殖地、越冬地、夜栖地、取食地及迁徙中途停歇地等。

· 水鸟异常行为监测。异常行为主要包括：猝死、种群大规模死亡或群体死亡；行为异常，如跌倒、头颈部倾斜、头及颈部扭曲、打转、瘫痪、惊厥等；运动异常，如在没有受外伤的情况下，无法正常站立、行走或扇动翅膀等；形态异常，如不明原因的消瘦、组织器官肿胀或变色、开放性溃疡等；生理异常，如口、鼻、耳或肛门流出或清或浊液体、打喷嚏、腹泻、反胃等。

· 与发病水鸟密切接触的饲养动物种类。

3. 监测方法

（1）直接计数法

首先通过访问调查、历史资料查询等确定鸟类集群地的位置以及集群时间，并在地图上标出。在鸟类集群时间对所有集群地进行调查，先用双筒望远镜扫视调查区有鸟类分布的区域，估算鸟类分布区面积。然后用单筒望远镜对有鸟类分布的区域进行物种识别和计数。记录集群地的位置、种类及数量等信息，见附录2。调查时注意记录栖息地对鸟类分布造成影响的信息。

（2）样线法

根据调查区生境类型布设样线，样线应能代表不同的生境类型，且尽量均匀分布。两条样线间隔不低于2 km，样线长度以3～5 km为宜。样线单侧宽度可根据样线两侧的可视距离而定，一般为50～200 m。在样线上行进的速度以每小时1～2 km为宜，统计记录沿线上和样线两侧所见到鸟类种类和数量，估算目标鸟与样线的距离，同时记录生境状况和威胁因素，见附录3。

（3）样点法

在调查区域内均匀设置一定数量的样点，样点的数量应有效地估计大多数鸟类的密度，调查区域内至少应布设20个样点。各样点之间至少间隔200m。到达样点后，宜安静休息3min后，以调查人员所在地为样点中心，观察并记录四周发现的鸟类名称、数量、

（四）手清洗和消毒的要求和方法

1. 洗手的要求

- 接触染病动物前后。
- 接触血液、体液、排泄物、分泌物和被污染的物品后。
- 穿戴防护用品前、脱掉防护用品后。
- 戴手套之前，摘手套之后。

2. 手消毒的要求

- 接触每例染病动物之后。
- 接触血液、体液、排泄物和分泌物之后。
- 脱掉防护用品后。
- 接触被染病动物污染的物品之后。

3. 标准洗手方法（图3-3）

第一步是清洗手掌，先用流水打湿双手，然后涂抹洗手液或肥皂。注意两手的掌心相对，手指并拢，进行相互揉搓。

第二步是清洗背侧指缝，用手心对手背沿指缝相互揉搓，然后交换清洗另一只。

第三步是清洗掌侧指缝，清洗时两手的掌心相对，然后交叉沿指缝相互揉搓。

第四步是清洗指背，先弯曲各手指关节，然后半握拳，把指背放在另一只手的掌心旋转揉搓，双手交换进行。

第五步是清洗拇指，用一只手的大拇指握另一只手的大拇指旋转揉搓，同样双手交换进行。

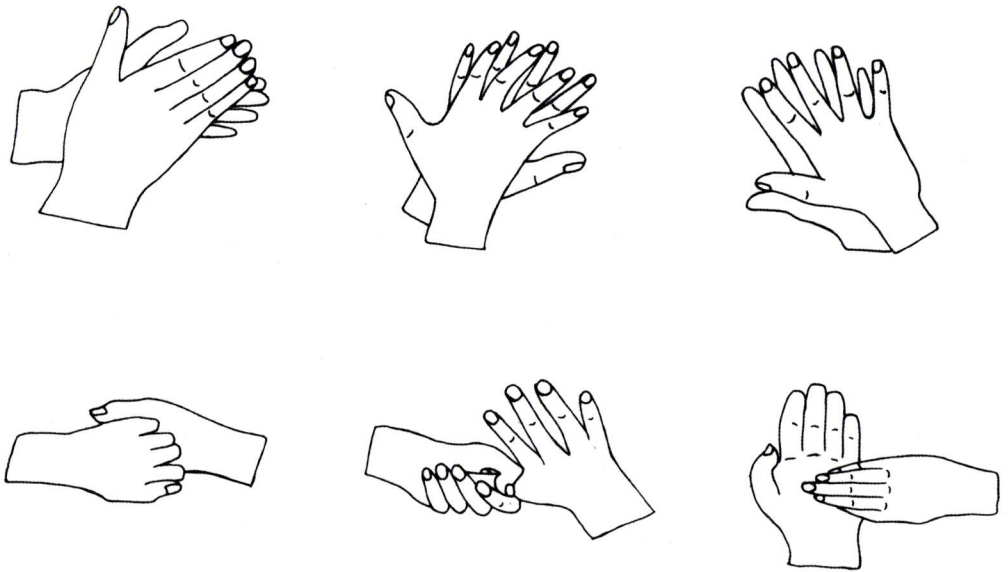

图3-3　标准洗手方法

第六步是清洗指尖，弯曲手指关节，指尖合拢，然后在另一手掌心旋转揉搓，双手交换进行。

第七步是清洗手腕、手臂，即揉搓手腕、手臂，双手交换进行。

4. 手消毒的方法

手消毒可用 0.3%～0.5% 碘伏消毒液或快速手消毒剂（异丙醇类、洗必泰 - 醇、新洁尔灭 - 醇、75% 的乙醇等消毒剂）揉搓 1～3min。

二、实验室安全

有条件开展相关工作的实验室应满足中华人民共和国国家标准《实验室生物安全通用要求》（GB19489—2008）的各项条件。

• 实验室设计和建造应满足《微生物和生物医学实验室生物安全通用准则》（WS233—2002）规定的生物安全防护二级实验室的基本要求，包括：应设置实施各种消毒方法的设施，如高压灭菌锅、化学消毒装置等对废弃物进行处理。应设置洗眼装置。实验室门宜带锁，可自动关闭。实验室出口应有发光指示标志。实验室宜有不少于每小时 3～4 次的通风换气次数。

• 参与野生动物病源分离的实验室，其入口处须贴上生物危险标志，内部显著位置须贴上有关的生物危险信息、负责人姓名和电话号码。

• 工作人员在实验时应穿工作服，戴防护眼镜，手上有皮肤破损时应戴手套。

• 在实验室中应穿着工作服或防护服。离开实验室时，工作服必须脱下并留在实验室内。不得穿着外出，更不能携带回家。用过的工作服应先在实验室中消毒，然后统一洗涤或丢弃。

• 处理可能含有病原微生物的样品时，应在二级生物安全柜中或其他物理抑制设备中进行，并使用个体防护设备。

• 当手可能接触感染材料、污染的表面或设备时应戴手套。不得戴着手套离开实验室。工作完全结束后方可除去手套。一次性手套不得清洗和再次使用。

• 禁止非工作人员进入实验室。参观实验室等特殊情况，经实验室负责人批准后方可进入。

• 每天至少消毒一次工作台面，活性物质溅出后要随时消毒。

• 所有可污染物在运出实验室之前必须进行灭菌，运出实验室的灭菌物品必须放在专用密闭容器内。

• 工作人员暴露于已明确的感染性病原时，及时向实验室负责人汇报，并记录事故经过和处理方案。

• 禁止将无关的宠物或野生动物带入实验室。

• 对于已确认的高致病性病原微生物的进一步相关实验活动，需转入生物安全防护三级或四级实验室中进行。

二、外业调查

1. 监测区域

安徽省范围内水鸟集中分布区均为水鸟疫源疫病监测区域。重点监测区包括：

• 水鸟集中分布区域，包括集中繁殖地、越冬地、夜栖地、取食地及迁徙中途停歇地等。

• 水鸟与人、饲养动物密切接触的区域。

• 曾经发生过重大水鸟疫情的地区。

• 某种疫病的自然疫源地。

• 国家及省级主管部门要求监测的其他区域。

2. 监测内容

• 水鸟的分布状况。重点记录水鸟的物种、数量、集中繁殖地、越冬地、夜栖地、取食地及迁徙中途停歇地等。

• 水鸟异常行为监测。异常行为主要包括：猝死、种群大规模死亡或群体死亡；行为异常，如跌倒、头颈部倾斜、头及颈部扭曲、打转、瘫痪、惊厥等；运动异常，如在没有受外伤的情况下，无法正常站立、行走或扇动翅膀等；形态异常，如不明原因的消瘦、组织器官肿胀或变色、开放性溃疡等；生理异常，如口、鼻、耳或肛门流出或清或浊液体、打喷嚏、腹泻、反胃等。

• 与发病水鸟密切接触的饲养动物种类。

3. 监测方法

（1）直接计数法

首先通过访问调查、历史资料查询等确定鸟类集群地的位置以及集群时间，并在地图上标出。在鸟类集群时间对所有集群地进行调查，先用双筒望远镜扫视调查区有鸟类分布的区域，估算鸟类分布区面积。然后用单筒望远镜对有鸟类分布的区域进行物种识别和计数。记录集群地的位置、种类及数量等信息，见附录2。调查时注意记录栖息地对鸟类分布造成影响的信息。

（2）样线法

根据调查区生境类型布设样线，样线应能代表不同的生境类型，且尽量均匀分布。两条样线间隔不低于 2 km，样线长度以 3～5 km 为宜。样线单侧宽度可根据样线两侧的可视距离而定，一般为 50～200 m。在样线上行进的速度以每小时 1～2 km 为宜，统计记录沿线上和样线两侧所见到鸟类种类和数量，估算目标鸟与样线的距离，同时记录生境状况和威胁因素，见附录3。

（3）样点法

在调查区域内均匀设置一定数量的样点，样点的数量应有效地估计大多数鸟类的密度，调查区域内至少应布设 20 个样点。各样点之间至少间隔 200m。到达样点后，宜安静休息 3min 后，以调查人员所在地为样点中心，观察并记录四周发现的鸟类名称、数量、距离样点中心距离等信息，见附录4。每个个体只记录一次，能够判明是飞出又飞回的鸟不进行计数。每个样点的计数时间为10min。

三、数据分析

1. 鸟类计数

（1）直接计数法

根据各调查地点面积总和占总面积①的比例，将现场调查记录的鸟类数量换算成目标湿地鸟类总数。

（2）样线法

根据样线长度和宽度计算调查区面积，并根据各样线面积总和与总面积的比例，将现场调查记录的鸟类数量换算成目标湿地鸟类总数。

（3）样点法

根据样点观察半径计算出调查区面积，并根据各调查区面积总和与总面积的比例，将现场调查记录的鸟类数量换算成目标湿地鸟类总数。

---

① 如果鸟类在调查区是均匀分布的，则总面积为该湿地的总面积；如果鸟类在调查区依赖于特殊生境，即鸟类在调查区是集群分布的，则总面积应按照鸟类栖息地面积进行计算。

第二节
水鸟疫病检测样本采集

一、准备工作

1. 样本采集一般性原则

监测人员到达水鸟发生异常情况的现场后，首先应调查了解异常情况涉及的鸟种、种群数量、死亡数量、地理坐标和异常事件涉及的地理范围等内容，并估测死亡率。

• 采样对象除了患病或者死亡的水鸟外，还应包括水、土壤、植被等环境样品，以及被死亡动物污染的环境样品和其他被认为对死亡产生作用的因素样品。

• 活体水鸟的样品宜采取无损伤采样方式，主要采集拭子样品、粪便样品和血液样品。

• 尸体的样品应采取解剖采样方式，主要采集心脏、肝、脾、肺、肾、直肠、脑和淋巴等组织器官；对于新鲜的小型水鸟尸体可直接装入双层塑料袋。样品采集应在动物死亡后24h 内进行。

• 常规监测一般采用无损伤采样。

• 专项监测的样品采集一般采取无损伤方法，也可用解剖采样。

• 取样时应做好必要的个人防护，穿防护服，佩戴口罩、护目镜与手套。用过的剪子等工具应用 75% 乙醇擦拭消毒并待乙醇完全挥发后方可再次使用。

• 现场调查所获取的信息和样品采集记录应按照水鸟疫源疫病样品采集记录单的格式和要求进行准确记录。

• 根据流行病学经验数值确定样品采集数量。

2. 采样物品准备

提前准备好调查用品，包括液氮罐、防护服、采样瓶（或离心管）、无菌勺（或塑料刮片）、记号笔（图 3-2）、整理箱、消毒液、望远镜、记录表、GPS（或带 GPS 记录功能的手机 APP）、数据录入表格（Excel）、雨伞或雨衣、背包、野外鞋子及衣服（含涉水套鞋）、笔记本电脑、照相机、应急药品。

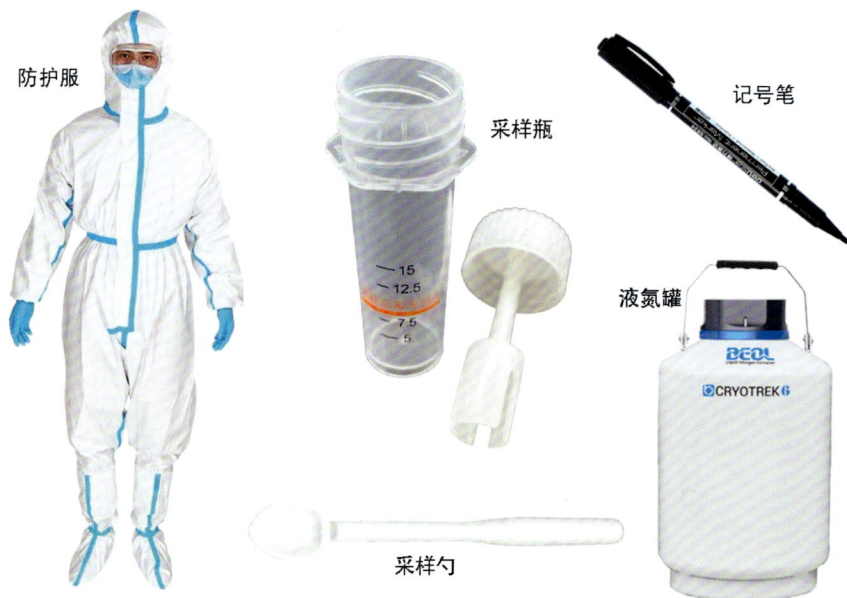

防护服　　采样瓶　　记号笔　　液氮罐　　采样勺

图 3-2　水鸟疫病采样主要器材

3. 水鸟捕捉

使用网捕法进行水鸟捕捉。可依据水鸟习性选择在栖息和觅食场所设网，非特殊情况不可捕捉幼体和繁殖期、哺乳期的母体。捕捉陆生野生动物应由专业人员进行，在办理好有关猎捕手续后实施。活体动物的运输应按照《活体野生动物运输要求》(LY/T 1291—1998) 执行。

水鸟疫源疫病监测样本的采样方式包括：活体野生动物的非损伤采样方式，如拭子、粪便和血样的采集；活体水鸟和尸检野生动物的损伤采样方式，如脾、肺、肝、肾和脑等组织的采集。国家重点保护水鸟、珍稀濒危水鸟活体原则上不采用损伤性采样方式。水鸟被采样后，根据情况及时将其放归自然生境，进行救护所用的物品和死亡水鸟需进行消毒和无害化处理，并填写野外样本采集记录表（附录6）。

一、损伤采样

1. 新鲜的小型尸体采样

在戴手套的手上反套一只塑料袋，然后用袋子将死禽包起，将袋子封严（如需保证袋子更结实和干净可用双层塑料袋），并在袋子上写上样品编号（与野外采样记录表上所填的编号一致）、种类、日期、时间和地点。如死亡的不止一种野生动物，应每种收集几份样品供诊断时用。

2. 剖检采样

在偏远地区，可以现场实施剖检，直接采取相关组织样品。并将样品保存在冰柜或冷藏柜中。样品的盛皿外写上样品编号（与野外采样记录表上所填的编号一致）、种类、日期、时间和地点。

二、无损伤采样

1. 拭子样品

采样用拭子应选用人造纤维或涤纶质地的头部。样品采集步骤如下：

• 做好必要的个人防护，穿戴防护服，佩戴口罩。

• 选择适合鸟类体型的拭子大小，将包装从尾端打开，小心不要接触拭子头部。

• 取出拭子，将整个头部深入待采集部位，轻柔旋转2~4圈，直至拭子完全浸润。

采集泄殖腔拭子（简称肛拭子）时，深入泄殖腔轻柔旋转2~4圈，蘸取粪便或排泄物，甩掉过大的粪便（>0.5cm）；采集气管拭子时，深入口腔后部，在两块软骨结构间随呼吸开闭的位置，轻柔旋转2~4次，取咽喉分泌液。鸟类体型过小，气管开口直径狭窄，难以准确采集气管拭子，可采集口咽拭子代替，在口腔舌后部上下颚间旋转蘸取分泌物。

- 打开拭子采集管，将拭子头部置于运输保存液中距底部约 3/4 的位置。
- 或折断拭子，使整个头部和一部分杆留在拭子采集管中，盖严盖子。
- 剪子用 70% 乙醇擦拭消毒。

2. 粪便样品

应采集种类明晰且新鲜的粪便。对黏液脓血便应挑取黏液或脓血部分，液状粪便采集水样便或含絮状物的液状粪便 2～5mL，成形粪便至少取 5g，放于灭菌袋（管）等容器内。

3. 血液样品

血液可通过右侧颈静脉、翅静脉或跗部内静脉采集，根据鸟类体型大小与所需血液样本量选择 22g、23g、25g 或 27g 静脉注射针，或 12mL、10mL、6mL、3mL 或 1mL 的注射器，通常每 100g 体重采取 0.3～0.6mL 血液不会对其健康产生影响。采血后，在采血部位覆盖纱布并指压 30～60s 至不流血。

根据用途不同，采血后立即将血液转移至血清分离管或血浆分离管中。血浆样品应立即冷藏保存等待离心，血清样品应放置于 4℃ 以上的环境温度中等待凝血后冷藏保存直至离心。离心后，血浆或血清样品应用无菌吸头转移至无菌冻存管，或小心倒入无菌冻存管，冷冻保存。

4. 组织

对死亡不久的病死动物采取组织样本，所采组织样本尽可能取自具有典型性病变的部位并放于样本袋或平皿中。

- 心、肝、脾、肾、肺等实质器官的采集：先采集小的实质脏器，如脾、肾，小的实质器官可以完整地采取，置于自封袋中。大的实质器官，如心、肝、肺等，在有病变的部位采取 2～3cm 的小方块，分别置于灭菌的试管或平皿中，注意要采集病变和健康组织交界处。请注意用于病毒分离样品的采集必须采用无菌技术采集，可用一套已消毒的器械切取所需脏器组织块，并用火焰消毒剪镊等取样，注意防止各个组织间相互污染。
- 脑、脊髓样品的采集：取脑、脊髓 2～3cm 浸入 30% 甘油盐水中或将整个头割下，用消毒纱布包裹，置于不漏水的容器中。
- 肠段组织采集：选择病变最严重的部分，将其中的内容物弃去，用灭菌的生理盐水轻轻冲洗后，置于试管中。

三、样本处理

1. 血清样本

根据用途不同，采血后应立即将血液转移至血清分离管或血浆分离管中。血浆样品应立即冷藏保存，等待离心，血清样品应放置于 4℃ 以上的环境温度中等待凝血后冷藏保存直至离心，此时间不应超过 24 h；血清采集也可以将盛血容器放于 37℃ 温箱 1 h 后，置于 4℃ 冰箱内 3～4h，待血块凝固，经 3000r/min，离心 15min 后，吸取血清。血浆或血清样品应用无菌吸头转移至冻存管，或小心倒入冻存管，冷冻保存。

2. 拭子样本

用于检测病毒的，应将沾有样品的拭子端剪下，置于盛有含抗菌素的pH值为7.0～7.4的样品保存溶液的容器中，低温保存。

用于检测细菌的，应将沾有样品的拭子端剪下，置于盛有不含抗菌素的pH值为7.0～7.4的样品保存溶液的容器中，低温保存。

3. 组织样本

死亡不久的病死水鸟应采取组织样本，所采组织样本尽可能取自具有典型性病变的部位并放于样本袋或平皿中。

4. 粪便样本

对于濒危珍稀水鸟，可只采集新鲜粪便样本。用于病毒检测的样品应置于内含有抗生素的样本保存溶液的容器中。运送粪便样品可用带螺帽容器或灭菌塑料袋，不要使用带皮塞的试管。

5. 动物样本

对于小型动物可直接采集病死动物的尸体，如死亡动物不止一种，应每种收集不少于2只尸体备用。采集的动物尸体宜保存在双层塑料袋内。

6. 非病毒性疫病样本

处理时，必须无菌操作，不能使用抗生素。

第四节
样本的保存

一、样本保存

样本应密封于防渗漏的容器中保存，如塑料袋或瓶。能够在24h内送达实验室的样本可在2~8℃条件下保存运输；超过24h的，应冷冻后运输。长期保存应冷冻（最好－70℃或以下），并避免反复冻融。不能用保存人畜食物用的冰箱来存放鸟类尸体。

进行流感病毒学分析时，如果样品能在4h内运抵实验室做检测或存档，则可放在冰块上储存，或将样品直接在野外放入液氮中，随后保存在－70℃或更低温度中（液氮温度为－196℃），以便在实验室检验之前能保存好病毒及其RNA。样品保存不当可能会导致RNA的降解，直接导致无法诊断。

二、样品包装

保存样本的容器应注意密封，容器外贴封条，封条由贴封人（单位）签字（盖章），并注明贴封日期。

包装材料应防水、防破损、防外渗。必须在内包装的主容器和辅助包装之间填充充足的吸附材料，确保能够吸附主容器中所有的液体。多个主容器装入一个辅助包装时，必须将它们分别包裹。外包装强度应充分满足对于其容器、重量及预期使用方式的要求。

如样本中可能含有高致病性病原微生物，包装材料上应当印有国务院卫生主管部门或者兽医主管部门规定的生物危险标识、警告用语和提示用语。

待检样本的运输应根据国家有关规定实施。

样本由国家指定的实验室或当地动物防疫机构进行检测。疑似高致病性病原微生物感染的样本，需由具有从事高致病性病原微生物实验活动资格的实验室检测。

样本移交至检测单位时，应与样本接受单位办理移交手续，填写《报检记录表》，并关注实验结果，及时上报、归档。

第五节
水鸟病原体检测

一、检测目的

1. 个体检测

工作人员发现出现病态情况的水鸟，判定动物是否存在疾病问题，主要检测内容包括观察病态水鸟是否精神良好或者水鸟身体有无异常、对水鸟视黏膜进行查看明确异常与否、对水鸟排泄物进行观察明确异常与否、对动物活跃度进行观察和检测明确异常与否，通过以上个体检查措施达到检验效果，以此为据得出检测结果，一旦疑似或者明确疫情存在，立即采取有效措施开展进一步的检测或者处理。

2. 病理学检测

通常情况下，一般的水鸟疾病检测方法难以达到疫病确诊目的，无法明确水鸟死亡具体原因，所以需要配合病理学检查技术的使用，具体操作中需要对水鸟表征进行细致观察后方可开展剖检工作，以便将恶性传染病情况排除。在无菌操作下实施剖检活动，将检测样品安全取出，通过组织学检查，找到出现病变的真实原因，减少仅靠肉眼观察引起的漏诊或者误诊情况。

3. 病原学检测

此技术一般是确诊水鸟疫情的最后依据，检测过程十分仔细，能够将病毒和致病菌细致分离开来，精准检测出病毒类型，进而得到最终的疫情诊断。目前，水鸟检疫样品的病原学检测主要包括4种类型，即寄生虫病通过病原学检测在显微镜下对虫卵进行细致镜检，可以采取集卵措施开展检测，将蠕虫、原虫等寄生虫精准检测出来；病毒性传染病通过病原学检测可以培养分离开来的病毒，检测病毒核酸，对病毒形状进行观察；细菌性传染病通过病原学检测能够在显微镜下对病原体进行细致观察，并通过生化实验，检测培养的病原体；PCR技术能够对无活性样品进行检测，具有可靠、安全的应用优势，解决不能人工培养、非常微小、具有缺陷病体以及病毒材料的检测问题，可以将病原菌给环境带来的影响消除掉。

二、检测方法

1. 细菌类病原体检测方法

病原体感染检测方法包括细菌培养和筛查、生化检测、基因芯片筛查、荧光定量PCR、高通量基因测序等。病原体的感染检测分传统的检测方式和新型检测方式两大类。

传统的检测方式就是细菌培养和筛查、生化检测；而现在新型的检测方式则是利用分子生物学的技术进行检测，新型检测技术主要包括基因芯片、荧光定量 PCR、高通量基因测序等方法，能够更精准快速的得出结果。

（1）涂片检测

一般可以用血标本、唾液、羽毛、粪便、脑脊液、胸水、腹水以及局部皮肤分泌物或脓肿的脓液进行涂片染色，然后在显微镜下观察细菌的形态，有些细菌形态较特殊，可以通过涂片的方法进行早期诊断，对临床指导抗菌药物有一定的帮助。

（2）细菌培养

细菌培养是诊断细菌感染最可靠的检测手段，一般把细菌放在体外适宜的培养基中，让其快速生长，通过检测感染源头进行治疗。细菌培养的缺点是不能帮助早期诊断，因为细菌生长需要一定的时间，生长较快的细菌一般需要 2~3 天，有些细菌生长比较慢，可能需要 1 周甚至更长时间。

（3）血清学检测

血清学检查是将血液中的血清分离出来，通过检测相应细菌的抗体辅助诊断。血清学抗体会出现假阳性和假阴性，所以相对细菌培养，血清学抗体的检测手段不是非常可靠。

（4）细菌核酸检测

常用的细菌核酸检测主要是聚合酶链反应，通常叫 PCR 检测，一般会采取细菌比较特殊的序列，通过序列检测诊断是否细菌感染，PCR 可以检测出微小的细菌核酸，具有很高的敏感性。

（5）二代测序方法

即 NGS 的方法，通过对宏基因组的二代测序，可以检测出细菌的感染。二代测序的方法通常对无菌的体液检测更可靠，比如胸水、腹水以及血的检测，检测后还要结合水鸟症状表现分析是哪一类细菌感染，以及检测出的细菌是否是致病菌。

2. 病毒类病原体检测方法

包括病毒抗原检测、病毒核酸检测、血清学试验以及病毒分离培养、病毒形态学检查是病毒感染的检查手段，同时还可以辅助血常规、便常规、血生化学检查、影像学检查等协助判断病毒感染。

（1）病毒成分检测

包括病毒蛋白抗原检测、病毒核酸检测。前者可采用酶免疫测定、免疫荧光测定等方法检测，操作简单、特异性强、敏感性高；后者可通过核酸扩增、核酸杂交、基因芯片技术以及基因测序技术进行检测，但需注意病毒核酸检测阳性，并不代表标本中或病变部位一定有活病毒，且对未知基因序列的病毒及新病毒不能采用该方法检测。

（2）血清学诊断

包括特异性 lgM 抗体检测、中和试验、补体结合试验、血凝抑制试验，应用病毒特异性抗原检测病毒感染患者血清中的抗体，也是诊断病毒感染的重要手段，lgM 抗体出现于病毒感染早期，可用于快速诊断病毒感染。lgG 抗体出现较迟，在血清中存在的时间较长，因此 lgG 类抗体用于临床诊断必需采集急性期和恢复期双份血清，抗体效价升高 4 倍或 4 倍以上才有诊断价值。

（3）形态学检查

包括电镜和免疫电镜检查，光学显微镜检查，电镜技术可对含有高浓度病毒颗粒的样品进行观察，而免疫电镜技术是对那些含低浓度病毒的样本进行观察，即先将标本与特异抗血清混合，使病毒颗粒凝聚，便于在电镜下观察病毒的大小、形态、结构等情况，可提高病毒的检出率和特异性。有些病毒在宿主细胞内增殖后，可在光学显微镜下观察到嗜酸性或嗜碱性包涵体，对病毒感染的诊断有一定价值。

（4）血常规检查

通过检查血液中各种类型血细胞数量和比例等，可以辅助判断感染情况。

（5）影像学检查

包括超声检查、CT 检查、MRI 检查等，可以辅助判断各脏器的感染累积情况，对治疗提供一定的指导意义。

此外，病毒分离培养是确诊病毒感染最可靠的方法，但是方法复杂，不常用。

3. 寄生虫检测方法

寄生虫的主要检测方式为寄生虫卵检查，可明确有无寄生虫感染，通过分子生物学鉴定，可快速分析感染寄生虫的种类。此外，免疫学检查、影像学检查可辅助判断寄生虫感染部位、病情进展，有助于进一步治疗。

（1）金标准

寄生虫卵检查、分子生物学检查是证明寄生虫感染的"金标准"，具体如下。

• 寄生虫卵检查：主要是通过肉眼或显微镜观察，若从水鸟体内或排泄分泌物中发现虫体或虫卵，则可诊断为寄生虫感染。直接涂片镜检的方法检出率低，可使用饱和盐水漂浮法、清水沉淀法、饱和柠檬酸溶液法等提高检出率。

• 分子生物学检查：主要采用 PCR 技术，检测寄生虫，敏感性高、特异性好，在寄生虫的快速检测、种属鉴定及基因分型研究等方面具有一定的实际应用价值，应用较广。

（2）辅助检查

血常规检查、免疫学检查、影像学检查可协助排查是否感染寄生虫，具体如下。

• 血常规检查：寄生虫感染水鸟血项检查可见周围血白细胞总数升高，以嗜酸性粒细胞增加为主，血红蛋白浓度下降，有明显的贫血表现。

• 免疫学检查：包括间接血细胞凝集、间接免疫荧光抗体、酶联免疫吸附试验、免疫印迹法、单克隆抗体和 DNA 探针杂交技术等方法，可检测寄生虫自身成分抗原和特异性抗体，阳性说明水鸟体内存在寄生虫感染或曾经发生过寄生虫感染，可作为诊断水鸟体内负荷的依据。

• 影像学检查：包括 X 线检查、CT 检查、MRI 检查，具体影像学结果因虫体、入侵部位不同，表现各异。

第六节
安全与防护

安全是开展水鸟疫源疫病监测及相关疫病研究工作的重要前提，特别是在突发事件（疫情）处置过程中，按要求进行个人防护是保证人身安全和避免疫情扩散的必要措施。同时，开展水鸟疫病检测的相关实验室也应该按照国家有关规定做好安全防护措施，避免由于操作不当导致疫情的发生和扩散。

一、采样后处理

活体动物无损伤采样后，应根据情况及时放归或进行救护。对于依然健康的个体，判断其健康状况良好的，应及时放归；对于精神不佳、在采样过程中不慎受伤、以及存在异常行为的个体，应送有资质的野生动物救护机构进行救护。

解剖采样后，应将尸体和废弃物进行无害化处理，并对采样现场、采样人员的衣物、车辆和其他物品进行消毒处理。

二、人员安全

（一）接触染病水鸟人员防护要求（包括饲养、采样以及捕捉人员）

1. 采样前准备

• 采样前应熟悉采样环境和气候条件，对可能存在的意外情况设计预案。

• 采样前应对环境中具有危险性的其他野生动物有所了解，应配备防止动物侵犯的防护工具，并采取相应保护措施。

• 如染病水鸟尚未死亡，应根据水鸟种类预先确定合适的保护措施。

2. 防护

采样人员应穿戴合适的防护衣物。

3. 工作人员健康监测

• 相关检验检疫人员应接受血清学监测。

• 所有接触怀疑高致病性病原微生物感染动物的人员及其密切接触人群均应接受卫生部门监测。

• 免疫功能低下、60岁以上以及有慢性心脏病和肺脏疾病的人员要避免从事与野生动物检验检疫相关的工作。

•长期从业人员应进行相关疫病的免疫接种和定期的健康体检。

（二）赴疫区调查采访人员防护要求

•采样人员在采样时配备相应的防护服、护目镜、N95 口罩或标准手术用口罩、可消毒的橡胶手套和可消毒的胶靴等。

•防护服、手套、口罩等不得交叉使用，用过的口罩、手套等不得随意丢弃。

•进入污染区必须穿胶靴，用后要清洗消毒。

•脱掉个人防护装备后要洗手或擦手。

•若有可能，在出入被染病动物污染的场所后，应当洗浴。

•废弃物要装入塑料袋内，置于指定地点。

（三）防护用品的要求及穿脱顺序

1.防护用品

•防护服：一次性使用的防护服应符合《医用一次性防护服技术要求》（GB19082—2009）。

•防护口罩：应符合《医用防护口罩技术要求》（GB19083—2010）。

•防护眼镜：视野宽阔，透亮度好，有较好的防溅性能，弹力带佩戴。

•手套：用一次性乳胶手套或橡胶手套。

•鞋套：为防水、防污染鞋套。

•长筒胶鞋。

•医用工作服。

•医用工作帽。

2.防护用品的穿脱顺序

•穿戴防护用品顺序：① 戴口罩：一只手托着口罩，扣于面部适当的部位，另一只手将口罩戴在合适的部位，压紧鼻夹，紧贴于鼻梁处。在此过程中，双手不接触面部任何部位。② 戴帽子：戴帽子时注意双手不接触面部。③ 穿防护服。④ 戴上防护眼镜，注意双手不接触面部。⑤ 穿上鞋套或胶鞋。⑥ 戴上手套，将手套套在防护服袖口外面。

•脱掉防护用品顺序：① 摘下防护镜，放入消毒液中消毒。② 脱掉防护服，将反面朝外，放入医疗废物袋中。③ 摘掉手套：一次性手套应将反面朝外，放入医疗废物袋中；橡胶手套放入消毒液中消毒。④ 将手指反掏进帽子，将帽子轻轻摘下，反面朝外，放入医疗废物袋中。⑤ 脱下鞋套或胶鞋，将鞋套反面朝外，放入医疗废物袋中，将胶鞋放入消毒液中。⑥ 摘口罩：一手按住口罩，另一只手将口罩带摘下，放入医疗废物袋中，注意双手不接触面部。

（四）手清洗和消毒的要求和方法

1. 洗手的要求

- 接触染病动物前后。
- 接触血液、体液、排泄物、分泌物和被污染的物品后。
- 穿戴防护用品前、脱掉防护用品后。
- 戴手套之前，摘手套之后。

2. 手消毒的要求

- 接触每例染病动物之后。
- 接触血液、体液、排泄物和分泌物之后。
- 脱掉防护用品后。
- 接触被染病动物污染的物品之后。

3. 标准洗手方法（图3-3）

第一步是清洗手掌，先用流水打湿双手，然后涂抹洗手液或肥皂。注意两手的掌心相对，手指并拢，进行相互揉搓。

第二步是清洗背侧指缝，用手心对手背沿指缝相互揉搓，然后交换清洗另一只。

第三步是清洗掌侧指缝，清洗时两手的掌心相对，然后交叉沿指缝相互揉搓。

第四步是清洗指背，先弯曲各手指关节，然后半握拳，把指背放在另一只手的掌心旋转揉搓，双手交换进行。

第五步是清洗拇指，用一只手的大拇指握另一只手的大拇指旋转揉搓，同样双手交换进行。

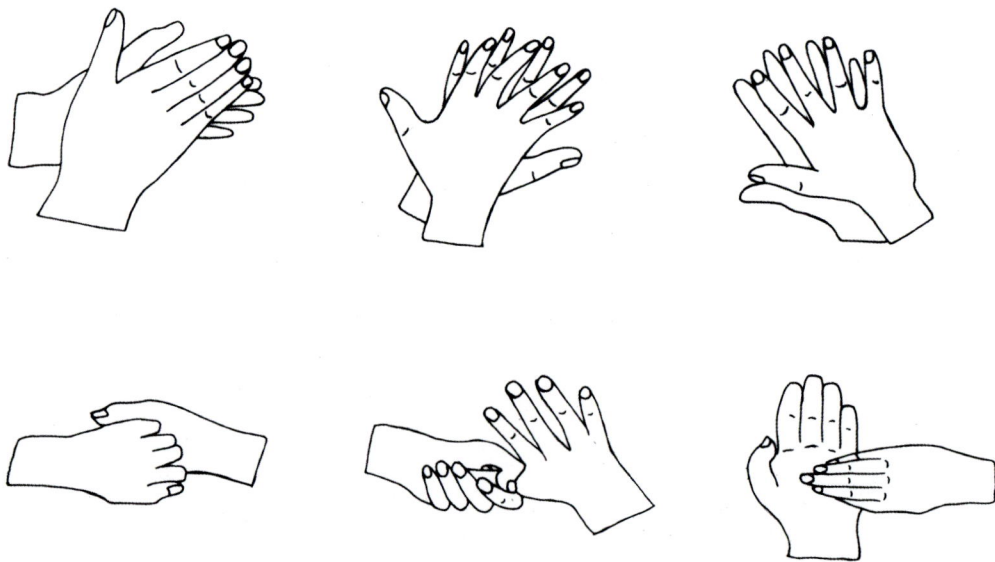

图3-3 标准洗手方法

第四章

突发水鸟疫病预警

第一节
水鸟疫情主动预警的重要性

2017 年以来，欧洲、非洲和亚洲许多国家先后暴发 H5N8、H5N2 野鸟高致病性禽流感疫情，尤其俄罗斯、蒙古国候鸟繁殖地的疫情不断。同时，我国野鸟先后暴发多起 H5N8 高致病性禽流感疫情，主动预警也检出 H5N8、H9N2 等十多个类型的禽流感毒株，我国候鸟迁徙途径地和越冬地暴发高致病性禽流感的风险增加。面对诸如此类的突发水鸟疫情，全世界尚没有现成的经验和模式可以借鉴，如何进行科学预警和主动防范？这是摆在各级政府和林业主管部门面前的一个新的重大课题。

2005—2009 年间野鸟高致病性禽流感疫情在青藏高原连年发生，特别是 2006 年的疫情曾波及青海、西藏 2 个省区的 5 个地市 8 个县，危害巨大。野生鸟类具有很强的活动能力，为可能携带的各种病原向外界的传播创造了条件。特别是候鸟在长途跋涉过程中，通过中途停歇以补充能量和体力，有可能与家禽接触，而二者的病原交叉感染可能引起病原体的变异。尤其值得注意的是，世界上许多国家对野生鸟类禽流感监测、病毒分离鉴定及基因进化树分析均表明，无论是哺乳动物源还是家禽源流感病毒，均可从野生鸟类中分离到，由此可见野生鸟类是流感病毒巨大的贮存库，即表明野生鸟类在禽流感的发生及其传播中具有非常重要的流行病学意义。

近年来，国家林业和草原局一直加强秋冬季候鸟等野生动物保护执法和疫源疫病监测防控工作，国家相继颁布了《重大动物疫情应急条例》《中华人民共和国突发事件应对法》《国家突发重大动物疫情应急预案》等法律法规，党中央、国务院领导同志多次强调加强突发水鸟疫情主动预警的重要性。

第二节
突发水鸟疫病预警系统

    预警是突发水鸟疫病管理的第一道防线，建立突发水鸟疫病预警机制，就是要使突发水鸟疫病预警成为政府日常管理中的一项重要职能，对可能发生的各种疫情事先有一个充分的估计，提前做好应急准备，选择一个最佳应对方案，最大限度地减少资源和经济损失。建立和完善突发水鸟疫病监测预警机制，是维护社会稳定、建立现代化应急管理体系的前提、基础。

一、突发水鸟疫病预警系统的基本功能

    突发水鸟疫病预警系统具有三项基本职能：信息收集与分析、疫病预报、疫病监测。

1. 信息收集与分析

    掌握全面、准确的疫病相关信息对于突发水鸟疫病管理至关重要。突发水鸟疫病预警系统首先应该具有一个多元化、全方位的信息收集网络，能够将真实的信息以完整的形式收集、汇总起来，并加以分析、处理，并通过快捷、高效的信息网络将疫病的信息和事态发展情况传送到应急指挥系统和相关部门，从而保证信息的时效性、准确性和全面性，为疫病应对与处理提供可靠的信息基础。收集的信息包括野生动物资源情况、活动规律，尤其是携带病原体情况和传播途径、范围，以及潜在影响区域的气象数据、易感动物情况（家禽家畜饲养量、饲养方式）、当地经济发展数据等。

2. 疫病预报

    在信息收集与分析的基础上，对得到的信息进行鉴别和分类，全面清晰地预测各种野生动物疫病，捕捉疫病征兆，对未来可能发生的疫病类型、涉及范围及其危害程度做出估计，并在必要时向决策者建议发出疫病警报，启动应急处理程序。

3. 疫病监测

    在确认可能发生水鸟疫病后，对引起疫病的各种因素和疫病的发展进行严密的监测，及时搜集疫病状态的有关信息，特别是要监控掌握能够表示疾病严重程度和进展状态的特征性信息，对疫病的演化方向和变化趋势做出分析判断，以便使突发水鸟疫病应急指挥机构能够及时掌握疫病动向，调整对策，使疫病处置决策有据可依。

    突发水鸟疫病预警系统最主要的目标是要对疫病发生、发展趋势进行准确预测，而要实现这一主要目标，就必须要保证水鸟疫源疫病监测预警系统具备四项基本特征：即科学

研究正规化、组织结构动态化、法规体系周延化、技术装备信息化。

（1）科学研究正规化

是指要有专门研究机构、专门研究人员、专项研究经费，政府和社会的研究机构要精诚合作，信息沟通，取长补短。

（2）组织结构动态化

一是指监测预警体系要根据监测预警工作需要，逐步调整、补充各级监测站点，实现全方位的监测预警。二是指监测预警体系要履行平战结合的管理职能，各级监测站和科技支撑单位在进行日常管理、科研工作的同时，也要开展水鸟疫源疫病监测预警的有关工作。

（3）法律体系周延化

是指建立健全预防和处置突发水鸟疫病的各类法律、法规和规章制度，各种法规之间形成相辅相成、相得益彰的联系。

（4）技术装备信息化

一是运用信息技术建立水鸟疫病暴发前的疫病管理知识系统、信息系统和分析、评估系统。数字化网络技术大大提高了信息保真率，从而改变政府现行信息传递模式与组织结构，实现信息跨层级、跨行业、跨部门的流动，消除信息割据的危害，提高信息的完整性和可靠性。网络环境下的数据库建设和计算机决策支持系统，最大限度消除信息与决策层之间的人为阻滞，使信息传递准确、及时，避免信息传递失真，全面提高政府的疫病决策水平。二是运用新技术、新方法开展水鸟种群动态监测、疫病流行病学等研究，尤其是迁徙规律和疫病快速检测方面的应用，实现监测预警的目的。

二、建立水鸟疫病监测预警系统的原则

1. 以人为本原则

面对突发水鸟疫病的严重性和持久性，各级林业主管部门必须从"以人为本"和保护人们生命安全的高度，做好预警工作，尽可能地收集到监测预警所需要的信息。充分保证信息收集的全面性、真实性，确保预警功能的准确性。

2. 常抓不懈原则

建立突发水鸟疫病管理常设机构，承担疫病监测预警和处置的重任，把突发水鸟疫病预警工作纳入国家、地区、城市日常管理体系当中，在人、财、物、政策等方面给予大力支持。

3. 分级预警原则

借鉴国外好的经验和做法，依据对可能出现的水鸟疫病事件的范围、影响程度进行科学分级，依法规范相关信息和数据的分级处理，科学应对，达到预防和控制的目的。

4. 信息来源多元化原则

一是发挥各级林业主管部门和各级监测站获取第一手监测信息的主力军的作用，保证监测信息的全面、及时、准确。二是要充分利用现有的社会信息收集节点和社会公共科研平台，如媒体报道、群众监督、科研资料等。这样才能提高信息收集的可靠性，保证信息的全面性和准确度。

三、水鸟疫源疫病监测预警工作面临的难题

水鸟疫源疫病监测预警关系到经济社会平稳健康发展、生物多样性保护和生态平衡，是一项利在当今、功在千秋的公益性事业。水鸟疫源疫病监测预警涉及动物学、生态学、微生物学、疫病控制与应急管理等多个学科和领域，是一项复杂的系统工程。要想做好突发水鸟疫病主动预警工作，促进监测防控事业的科学发展，减轻水鸟疫病的危害，使其为保障经济发展、生态安全做出更大贡献，就应了解和把握水鸟疫源疫病监测预警的影响要素。这些因素大致可归纳为监测防控机构、队伍、经费和科学技术四个方面。

（一）监测防控机构

监测防控机构是组织开展野生动物疫源疫病监测防控工作的基本单位，根据其性质，可分为管理型监测防控机构和实施型监测防控机构。前者主要负责野生动物疫源疫病监测防控工作的组织和管理，包括各级林业主管部门及受其委托具体承担监测防控工作组织和管理职能的专门机构（如国家林业和草原局野生动物疫源疫病监测总站）。后者负责监测防控工作的实施，主要包括国家级、省级和市县级野生动物疫源疫病监测站。经过近年的建设和发展，我国已初步搭建了全国野生动物疫源疫病监测防控网络的主体框架。但由于该项工作起步晚，还有许多野生动物集中分布区、重要的边境地区、家禽家畜密集区、野生动物驯养繁殖密集区和集散地等区域，尚未纳入有效的监测覆盖范围，还存在着大量监测盲区，监测防控机构建设亟须进一步加强和完善。

（二）人员队伍

人员队伍是落实各项监测防控措施、组织和实施监测防控工作的核心要素，是衡量监测防控工作水平的重要指标。但由于该项工作专业性较强，加之队伍的不稳定因素较多，当前人员队伍的整体水平还较低，尚不能满足监测防控工作的实际需要。

（三）经费

在国家发展改革委、财政部等相关部门的大力支持下，野生动物疫源疫病监测体系建设被纳入《全国动物防疫体系建设规划（2004—2008年）》《国家中长期动物疫病防治规划（2012—2020年）》等相关规划，落实了一定的基本建设投资和财政运行经费，为野生动物疫源疫病监测防控工作的正常开展创建了条件。但更要清醒地认识到，野生动物疫源疫病监测防控作为一项社会公益事业，尚未完全纳入国民经济和社会发展规划予以通盘考虑，运行经费投入渠道还不畅通，制约了监测防控体系的正常运行和工作的高效开展。

（四）科学技术

一直以来，我国对野生动物疫源疫病没有组织开展全面系统的研究，有限的研究也是林业部门挤占其他的林业经费委托给科研院所，相对局限于大熊猫、朱鹮、扬子鳄、梅花鹿等部分重点保护野生动物物种，进行的动物防疫、卫生等部门在这一领域组织的研究同样局限于特定的一些疫病，且疫病研究与有关野生动物活动规律的生物学、生态学研究没有得到有机结合。近年，国家林业和草原局组织分析了我国20多年的鸟类环志及迁徙研究成果，初步掌握了我国东部、中部、西部迁徙区主要疫源候鸟的基本情况，组织开展了重点疫源候鸟迁徙规律、禽流感溯源等基础研究和技术攻关，并取得了一些突破，为评估疫病风险、开展疫情预警等奠定了基础。但总体而言，该领域现有的研究资料还较为零散，基础资料缺乏，科技水平较低，尚没有为监测防控特别是疫情预警提供有效的支撑。

做好突发水鸟疫病的预警工作需要解决两方面技术难题，才能真正实现野生动物疫病监测预警的目的。

• 要了解面临何种疫病的威胁，即需要掌握病原体的快速诊断技术。在日常监测或按计划采样时，对发现或取得的样品需要经过快速检测，以确定野生动物携带的病原体种类和程度，为综合分析提供最基础的数据，为实现监测预警奠定基础。

• 要掌握疫病可能影响的范围，即需要野生动物野外跟踪技术。由于野生动物尤其是候鸟可携带某种病原体而不发病，随着野生动物的迁徙活动而可能传播疫病，其潜在疫病的影响范围可能很大，需要实时掌握野生动物活动情况，包括迁来迁走的时间、方向、线路和停息地等，这就要靠野外跟踪技术的支持。如卫星定位装置、遥感定位等。

四、突发水鸟疫病预警系统的框架体系

在日常工作中，要建立突发水鸟疫病监测预警系统，对可能发生的疫病进行预警和监控。完善的预警系统包括疫病的监测预警系统、咨询系统、组织网络和法规体系，以保证疫病的科学识别、准确分级、严格处置、及时发布。

（一）监测预警系统

建立监测预警系统的主要目的是及时发现疫病征兆，准确把握疫病诱因、未来发展趋势和演变规律以及影响范围。相应的预警流程是：信息收集、信息分析或转化为指标体系；将加工整理后的信息和指标与疫病预警的临界点进行比较，从而对是否发出警报进行决策，发出警报。

1. 信息收集子系统

该系统的任务是对有关野生动物资源、迁徙规律、气象信息、疫病风险源和疫病征兆等信息进行收集。根据这个要求，预警系统要收集两个方面信息：一是监测预警物种对象选择，即这种信息收集工作以哪种或哪类疫源动物为重点，收集其相关的信息资料。二是监测预警疫病目标选择，即初步判断这些物种可能携带或传播哪类疫病，哪一种潜在的疫病可能构成重大影响（程度、范围）。

2. 信息处理子系统

该系统的任务是对收集来的信息进行整理和归类、识别和转化，以保证信息的准确性和及时性。首先，要排除干扰信息和虚假信息，将信息进行"去粗存精、去伪存真"；然后，分析识别信息所预报的事件类型、对决策的参考价值、预警时间、发生概率及获取的可能性、稳定性、可靠性等；最后，对各种分析的结论进行总结，转化为预测性、警示性的信息。

3. 决策子系统

该系统的任务是根据信息处理子系统的结果决定是否发出疫病警报和疫病警报的级别，并向警报子系统发出指令。在制定决策依据时，要决定疫病预警各个级别的临界点，及临界点指标水平。如果无法直接显示疫病是否发生，而只是表明疫病发生有多大的可能性，那么也可以根据疫病发生的可能性大小确定不同疫病预警级别的临界点。在具体决策中，系统根据信息处理子系统的结果判断是否达到了疫病警报的临界点，达到哪一个临界点，从而决定是否发出疫病警报和疫病警报的级别。

4. 警报子系统

该系统的任务是当监测信息经分析得出的结果显示为某种疫病的征兆时，立即向疫病报告者和潜在受威胁者以及应急管理决策机构发出准确无误的警报，使他们采取加强监测做好预防的正确措施。只有当疫病报告者和潜在受威胁者在接到警报信息后，在事件发生之前做出有效的预防和准备，才能说预警是有效的。

（二）监测预警的咨询系统

该系统主要承担的功能是定期信息沟通，在监测总站、省级监测管理机构、各监测站和科技支撑单位之间建立信息网络联系，提供与疫病有关的研究报告和疫源疫病识别的远程诊断服务，提出疫病处置的建议和意见等。

（三）监测预警系统的组织网络

目前，承担我国野生动物疫源疫病监测预警的主体是已建立的各级监测站和县级以上林业主管部门以及科技支撑单位。要保证监测预警系统的组织网络高效运转，一要设立专门的机构和工作人员，长期从事疫病预警的分析、研究与及时报告工作。二要建立规范化、制度化的监测预警、防控体系。三要建立畅通准确的信息沟通与处理渠道。

（四）监测预警系统的法规体系

建立和健全重大野生动物疫病监测预警的法规体系，目的在于保障监测预警有法可依，明确监测预警工作的法律依据。这包括两方面内容：一是明确开展野生动物疫病监测预警的法律地位，明晰权利与义务。二是制定出相关的制度与法规，规定监测预警系统有从相关部门、单位等获取有关信息的权限，相关部门、单位等也有向预警机构通报信息的义务和权限。

第三节
突发水鸟疫病预警工作流程

　　建立水鸟疫源疫病监测预警系统，在前期监测工作的基础上做好疫源疫病的本底调查、动态监测、样本采集、研究分析和预测预报等工作，构建水鸟资源数据库、水鸟迁徙数据库和水鸟疫病数据库，达到掌握基本情况、及时提出预警信息、确保动物安全和人民健康的目的。

　　突发水鸟疫病预警与监测的关系。从过程和内在联系上看，水鸟疫源疫病监测防控可分为两个阶段：预防阶段和应急（或控制）阶段。这两个阶段不是孤立的，而是相辅相成、互相补充的。预防是控制的前提，是为控制服务的；控制是预防的延伸，是为了更好地预防水鸟疫情在更大范围内发生和蔓延。

　　加强预防是降低甚至避免水鸟疫情造成损失的重要手段。预防阶段包括监测和预警两个环节，监测具体是指调查疫源水鸟活动规律，掌握水鸟携带病原体本底，发现、报告水鸟感染疫病情况等活动。疫源水鸟活动规律的探索需要一个逐步积累的过程，它是预警更是预防的基础。尤其对于水鸟疫病，监测工作不深入、不到位，则预警就没有根据，缺乏有效支持，预防也就无从谈起。预警包括研究、评估疫病发生、传播、扩散风险，分析、预测疫情流行趋势，提出监测防控和应急处理措施建议等，它是综合利用模型方法对监测数据和结果的总结、分析，是监测工作的深入和提升。由此可以看出，监测和预警是相互支持、互为依托的关系。

一、样本采集

　　全面开展对水鸟疫病的监测预警，进行重点监测对象的样本采集，随时检测水鸟携带和种群感病状况，为尽早发现疫病提供第一手资料。衡量某一水鸟种群的携带或染疫病情况用以下指标表示：

　　种群死亡率是指在某一水鸟种群中，因某种疫病死亡个体数量占种群数量的百分率。

　　种群死亡率（%）= 死亡个体数量 / 种群数量 ×100%

　　种群带菌（毒）率是指在某一水鸟种群中，经检测携带有某种疫病个体数量占种群数量的百分率。

　　种群带菌（毒）率（%）= 带菌（毒）个体数量 / 种群数量 ×100%。

二、研究分析

开展水鸟疫源疫病分析研究，需制订水鸟疫源疫病调查方案和实施细则，统一样本采集、分析、检测鉴定技术标准和操作规程。

针对水鸟流行病学调查和疫源疫病监测过程中发现的一些未知情况，要开展野生和人工繁育水鸟疫病病原学、病原生态学、诊断检测技术、综合控制技术等的研究，为有效预防和控制水鸟疫病的发生和流行提供科学依据。

三、预警

建立水鸟疫病数据库、水鸟资源数据库和水鸟迁徙数据库，加强信息数据的横向、纵向交流，保证监测预警机构和行政主管部门在第一时间获取各种信息，及时把握疫病动态变化，对疫病可能蔓延的范围和潜在的危害进行综合评估，及时提出预测、预报信息，为制定危害水鸟安全和人民健康的疫病防控措施提供依据。

四、水鸟疫源疫病检测预警工作流程

开展水鸟疫源疫病监测预警工作首先要在水鸟迁徙通道的重点地区开展有计划的采样（拭子样、血清样、组织样、粪便样以及水样、土壤样），利用社会上已建立的公共检测平台进行检测，收集有关检测信息。其次检测出可能为重大疫病后，在水鸟资源数据库、水鸟疫病数据库和水鸟迁徙数据库以及日常监测、人为活动和社会经济状况等信息支持下，综合分析各种信息，建立陆生野生动物疫源疫病多因素耦合致灾的快速模拟预测模型，利用地理信息系统（GIS）实现可视化，向当地和潜在受威胁地区发布发生期、发生范围、危害程度和经济损失的预警。接到预警信息的各级林业主管部门应启动应急预案，严密防范可能的疫病扩散和危害。

第五章

水鸟疫源疫病防控

第一节
水鸟疫病的风险分析

　　基于鸟类疾病监测和疾病生态学的系统研究，可以对疾病暴发进行预测预警和风险评估。世界动物健康组织的风险分析方法目前已被广泛应用于动物疾病风险分析。其分析程序包括风险因子辨识、风险评估、风险管理和风险信息交流。有研究将25种重要水鸟确定为风险因子评估了西班牙从欧洲其他国家传入 H5N1 HPAI 的风险。数字模拟模型也被广泛应用于对鸟类疾病的扩散状况进行分析，以及对疾病感染风险进行实时预测。这些方法的应用使人们能够掌握一些疾病的发生规律，在一定程度上可以对疾病的趋势进行预测，从而为疾病的防控提供依据。

　　动物疫病（含水鸟）是指对人类和动物危害严重，并且可能造成重大经济损失，需要采取严格控制、扑灭等措施防止扩散的，或国外新发现并对畜牧业生产和人体健康有危害或潜在危害的，或列入国家控制或者消灭的动物传染病和寄生虫病。

　　动物疫病（含水鸟）风险分析是指对某种动物疫病传入、定居和扩散的可能性及其后果进行评估管理和交流的方法和过程。其主要目的是为动物、动物源性产品、动物遗传材料、饲料、生物制品和病料所带来的疫病风险提供可起到保护作用的客观评价。作用是为决策者制定法律、法规、条款提供科学依据，从而使决策更具有科学性、透明性和可防御性。

　　动物疫病（含水鸟）风险特点包括：

　　•传染性。动物疫病的病原体在动物与动物之间，或者动物与人之间相互传播的特性。

　　•社会性。动物疫病一旦发生，必然给食品安全、公共卫生安全等方面造成影响。动物疫情发生的严重程度与产生的社会影响成正比，尤其是重大动物疫病产生的社会反应涉及社会的方方面面。

　　•复发性。导致动物疫病发生的病原体，如细菌、病毒、寄生虫等很难在自然界根除，哪怕动物患病后康复并且得到很好的控制，但在条件合适的情况下仍可能复发。

　　•灾害性。动物疫情发生条件主要包括人为因素和自然因素。因此，在进行动物疫病风险分析的时候，要坚决控制人为因素，尽量规避自然因素。

第二节
水鸟疫源疫病风险管控

水鸟疾病防控需要在"防"和"控"两个层面开展工作。在"防"的层面，首先要做好疾病相关的基础研究，包括：① 确定宿主鸟类（疫源鸟类）的种类、分布和迁徙规律；② 进一步揭示野生鸟类在疾病传播中的作用；③ 监测疾病的变化趋势和病原体的变异规律，在此基础上，加强对疾病的主动监测，切断疾病的传播途径，加强栖息环境管理，制定疫情应急预案，积极研制疫苗和抗病药物。除了关注野生鸟类在疾病传播中所起作用，限制家禽与野生鸟类接触也是人畜共患病预防策略中的关键部分，应尽可能地减少人、家禽与野生鸟类间的接触，提高家禽饲养水平，避免散养；严格管理家禽与野生动物交易市场，加强检疫免疫工作，杜绝无证家禽和野生动物贸易。与此同时，开展公众宣传和教育，普及疾病预防知识，使公众做好自我防护。在"控"的层面，在疾病发现的第一时间整合各相关部门资源，确定疫情地点及范围，采取必要的隔离措施，对死亡鸟类进行无害处理。加强公众宣传，畅通消息渠道，避免社会恐慌。在有条件的情况下，积极应用疫苗和抗病药物。

1. 加强候鸟迁徙动态监测

野生动物疫病具有传播速度快，扩散范围广，阻隔消灭难等特点。影响鸟类迁徙轨迹的因素是复杂的，大多数候鸟每年都会返回一些已知的中途停留地、繁殖地和越冬地，构建传染病数学模型对了解鸟类迁徙动态变化和病毒传播的动态变化具有重要作用。如易感—感染—治愈模型、易感—感染—易感模型和易感—潜伏—感染—恢复模型等，已经成为预测疫病传播规律的重要工具。各重点监控地区应联合科研院所、高校，使用遥感、地理信息系统、全球定位系统等技术，建立、健全鸟类迁徙大数据监控平台，提升监控水平。病毒在不同地区和不同物种之间的传播可以通过系统动力学和系统地理学来推断分析，这些技术利用快速进化的病毒序列数据来揭示扩散模式，以此了解疫病病毒的进化和分布。系统地理学技术也用于显示亚洲不同鸟类传播高致病性 AIV 的影响路线和区域。因此，全国各保护区和机场间应建立联动机制，共享鸟类迁徙数据，提供鸟类动态情报，减轻疫病对人畜的危害。

2. 鸟类检疫

除监控鸟类动态，对野生鸟类中存在的病毒类型进行监测在疫情预防中同等重要。快速诊断疫病病毒有利于对疫情动态实时监控，提早发现和控制疫情。目前，高通量测序技术可精确检测病毒逆转录 DNA。病毒监测工作主要集中于检测已死亡或捕获的鸟类，但很少提供危险毒株的预警。为全面监测野生鸟类病毒传播情况，可以通过采集野生鸟类栖息地的遗留样本，如巢中羽毛、粪便等，其中包含本地传播病毒的遗传信息，利用基因测序技术对病毒进行鉴定。野生鸟类和家禽的交叉传播是 AIV 流行面临的重要挑战，家禽的防疫为减少野生鸟类传播疫病提供屏障作用。禽流感疫苗治疗是一种常用的控制疾病的方法。定期对保护区和养殖场等高危区域检疫，加强对环境和鸟类的监测。

3. 加大科研投入

加大科研投入是目前水鸟疫病防控的一个重要手段。鼓励疫病防控部门在科学分析的基础上，对水鸟疫病进行病理性分析，采取科学的防控策略。而对疫病病理性分析和采取有效的防控措施都需要相关科研成果的支持，因此，需要加大对科研的投入。

4. 加强体系建设

加强体系建设分为加强法律体系和管理体系两个方面，目前我国疫病防控法律体系整体还不够完善，有些意见还不够规范，这些法律条文和实施意见对动物疫病防控的指导性虽然有一定作用，但还不足以实现真正有效的疫病防控。因此，要加大动物疫病防控的法律体系建设，不断完善相关的法律条文、实施意见和行为规范等。这些法律规范对动物疫病防控有很强的指导意义，也是加强疫病防控非常有力的措施。

5. 严格风险管理

风险管控是动物疫病防治非常重要的目的及手段之一。实施严格的风险管控是取得动物疫病防控全面胜利的关键。动物疫病防控不是简单的扑杀和无公害化处理，要具体问题具体分析。如果是一类疫病，应扑杀和隔离。如果是二类或三类疫病，可以隔离治疗，不到不得已的情况不要一刀切。各部门及各企业在进行动物疫病防控过程中，要充分认识到风险管理的重要性，在日常管理和日常活动中要充分考虑动物疫病的发生、发展及如何正确处理，制定相应的风险预案及实施意见，从根本上达到对动物疫病的有效防控，而风险管控也是风险管理的一个部分，要让企业经营者充分理解到动物疫病防控的重要意义，真正实现动物疫病防控的目标。

水鸟疫病具有高风险的特征，即具有造成重大损失的可能性。水鸟突发疫病通常还表现在结果上的高度不确定性以及高度的偶然性。水鸟疫病应急管理的结果取决于我们采取什么行动，然而，我们却无法确切知道究竟什么是最佳行动，这意味着处理水鸟疫病的人始终是在高度紧张的状态下开展工作的。突发水鸟疫病具有突然暴发、起因复杂、难以判断、迅速蔓延、危害严重、影响广泛的特点，而且相互交织，处置不好会产生连锁反应。具有"突发性"与"隐蔽性"、"偶然性"与"必然性"，其间存在着辩证的关系，在有效应对和处置时，必须搞清楚突发事件背后的隐蔽原因，探索偶然性背后的必然性；必须坚持预防与应急并重，用系统、综合的办法去应对，用科学的手段快速处置；必须坚持常态与非常态相结合，加强预防工作，整合应急资源，全面提高应对突发疫病的综合能力；必须归纳总结出大量的实践经验，找出普遍规律以指导实践工作。

中共中央在《关于构建社会主义和谐社会若干重大问题的决定》中，明确指出："建立健全分类管理、分级负责、条块结合、属地为主的应急管理体制，形成统一指挥、反应灵敏、协调有序、运转高效的应急管理机制，有效应对自然灾害、事故灾难、公共卫生事件、社会安全事件，提高危机管理和抗风险能力。按照预防与应急并重、常态与非常态结合的原则，建立统一高效的应急信息平台，建设精干实用的专业应急救援队伍，健全应急预案体系，完善应急管理法律法规，加强应急管理宣传教育，提高公众参与和自救能力，实现社会预警、社会动员、快速反应、应急处置的整体联动。"这其中蕴含了应急管理的指导原则即"分类管理、分级负责、条块结合、属地为主"。在各级政府职能中要遵循"预防与应急并重、常态与非常态结合的原则"，开展应急信息平台的建立、应急救援队伍的建设、健全应急预案体系、完善应急管理法律法规、加强应急管理宣传教育等方面的工作。

《陆生野生动物疫源疫病监测防控管理办法》中第二十二条规定："发生重大陆生野生动物疫病时，所在地人民政府林业主管部门应当在人民政府的统一领导下及时启动应急预案，组织开展陆生野生动物疫病监测防控和疫病风险评估，提出疫情风险范围和防控措施建议，指导有关部门和单位做好事发地的封锁、隔离、消毒等防控工作。"应急处理采取边调查、边处理、边核实的方式，以有效控制疫病的发生。一般情况下，按以下程序进行处置。

一、信息报告

水鸟异常情况是指野生动物行为异常或异常死亡。

任何单位和个人发现水鸟行为异常或异常死亡等情况，应立即向当地陆生野生动物疫源疫病监测站报告，监测站在接到报告或了解上述情况后，应立即派人员进行调查、核实。

在进行上述工作时，监测站应将调查、核实情况按规定上报。同时，将疑似染病的水鸟送到国家林业和草原局指定的实验室或当地动物防疫部门取样检测，以确认病因。

水鸟疫病信息应按照《陆生野生动物疫源疫病监测防控管理办法》《陆生野生动物疫源疫病监测技术规范》（LY/T 2359—2014）的有关规定，通过全国野生动物疫源疫病监测信息网络直报系统进行报告。

县级以上人民政府林业主管部门、各级野生动物疫源疫病监测站和科技支撑单位为突发陆生野生动物疫病的责任报告单位。责任报告单位的法定代表人为突发陆生野生动物疫病的责任报告人。

任何单位和个人应当向当地林业主管部门或野生动物疫源疫病监测站报告突发陆生野生动物疫病信息及隐患。

二、预警

预警是根据疫病的发生、发展规律及相关因素，用分析判断和数学模型等方法对可能发生疫情的发生、发展、流行趋势做出预测，对于提高疫病防控工作预见性和主动性减少损失具有重大意义。

《陆生野生动物疫源疫病监测防控管理办法》第九条规定："省级以上人民政府林业主管部门应当组织有关单位和专家开展陆生野生动物疫情预测预报、趋势分析等活动，评估疫情风险，对可能发生的陆生野生动物疫情，按照规定程序向同级人民政府报告预警信息和防控措施建议，并向有关部门通报。"预警内容包括事件基本情况、级别、起始时间、可能影响的范围和应采取措施的建议等。

省级以上人民政府林业主管部门应当向发生地及毗邻和可能涉及的地区的林业主管部门发布预警信息，必要时报告同级人民政府。

三、先期处置

为了防止异常死亡的野生动物可能携带的人兽共患病病原体传播扩散，造成潜在的损失，需要采取一系列措施进行应急处置。首先，经现场初检疑似或不能排除疫病因素的水鸟异常情况，应对发生地点实行消毒并隔离封锁。其次，对水鸟尸体及其产品、其他物品应作无害化处理，运送动物尸体及其产品、其他物品应采用密闭、不渗水的容器，装卸前后必须要消毒。最后，对病弱的水鸟应及时隔离、救护。

在日常监测巡查工作中，发现水鸟异常情况后，要立即采取下列应急处理的措施：一是要对发生地点周围设立醒目的警戒旗或用警戒带进行隔离封锁，防止无关人员和家禽家畜进入现场引起可能的疫病传播扩散。二是对水鸟死亡地点进行消毒处理，消毒药剂可用火碱、生石灰等。三是到有关检测机构取样检测，并办理报检手续。监测站应加强与检测机构的联系，确保第一时间掌握检测结果，并及时上报检测结果。四是异常动物尸体应作无害化处理。

确诊为重大水鸟疫病后，事发地林业主管部门要进一步加强封锁隔离措施，防止无关人员和家禽家畜靠近，以控制事态发展，组织开展应急救援工作，并及时向同级和上级林业主管部门报告。

事发地的各级林业主管部门在报告特别重大、重大疫病的同时要根据职责和规定的权限启动相关的应急预案，及时、有效地进行先期处置，控制事态。

四、应急响应

发生水鸟疫病时，各级林业主管部门在同级人民政府的领导和上一级林业主管部门的技术指导下，按照早发现、快反应、严处置的原则，迅速开展应急处置工作。要根据水鸟疫病的发生规律、发展趋势以及防控工作的需要，及时调整预警和响应级别。

（一）分级响应

根据野生动物疫病发生情况和分级标准，分别启动不同级别的预案。

Ⅰ级响应。确认特别重大水鸟疫病后，国家林业和草原局立即采取相应响应措施，开展应急处置工作，必要时将工作情况报告国务院。省级人民政府林业主管部门在国家林业和草原局的指导和同级政府的领导下，立即组织协调有关部门采取相应响应措施，开展应急处置工作。

Ⅱ级响应。确认重大水鸟疫病后，省级人民政府林业主管部门立即组织协调有关部门，采取相应响应措施，开展应急处置工作，并将工作情况及时报告国家林业和草原局和同级人民政府。国家林业和草原局应当加强技术支持和协调工作，协助开展应急处置工作。

Ⅲ级响应。确认较大水鸟疫病后，市（地）级人民政府林业主管部门立即组织协调有关部门，采取相应响应措施，开展应急处置工作，并将工作情况及时报告上一级林业主管部门，同时报送同级人民政府。省级人民政府林业主管部门应当及时组织专家对应急处置工作提供技术支持和指导。国家林业和草原局根据工作需要及时提供技术支持和指导。

Ⅳ级响应。确认一般水鸟疫病后，县（市）级人民政府林业主管部门立即组织协调有关部门，采取相应响应措施，开展应急处置工作，并将应急工作情况及时报告上一级林业主管部门，同时报送同级人民政府。市（地）级人民政府林业主管部门应当及时组织专家对应急处置工作进行技术支持和指导。省级人民政府林业主管部门应当根据工作需要提供技术支持和指导。

（二）响应措施

1. 组织协调

各级林业主管部门在同级人民政府或其成立的突发应急指挥部的统一领导和上级主管部门的业务指导下，调集林业应急专业队伍和应急资金、应急物资等相关资源，开展突发陆生野生动物疫病应急处置工作。

2. 现场处置

各级水鸟疫病应急处置预备队和其他具备有效防护能力、现场处置知识和技能的人员承担突发陆生野生动物疫病现场应急处置工作。

（1）封锁隔离

应急处置人员按照指挥部要求，根据水鸟疫病应急处置地需要及专家委员会的建议，设置相应的封锁隔离区域，维持现场秩序，保障人员、物资安全，防止家禽家畜进入，确保应急处置工作的正常开展。

为防止致病因子通过人员、器具或物资向外传播，应对所有与之接触过的人和物品进行消毒。消毒剂可使用 10% 的漂白剂（0.5% 次氯酸盐）、来苏尔、75% 的乙醇。

应对离开疫病发生区域的车辆底部进行消毒。

（2）样品采集和快速检测

专业人员在完成发生区域基本情况的调查后要尽早进行样品采集工作。有条件时应当尽早开展现场快速检测，以便根据检测结果指导开展现场处置工作。

（3）无害化处理

•焚毁。将动物尸体及其产品、其他物品投入焚化炉或用其他方式烧毁碳化。

•深埋。掩埋地应远离学校、公共场所、居民住宅区、村庄、动物饲养和屠宰场所、饮用水源地、河流等地区。掩埋前应对需掩埋的动物尸体、产品或其他物品实施焚烧处理。掩埋坑底铺 2cm 厚生石灰。掩埋后需将掩埋土夯实。动物尸体、产品或其他物品上层应距地表 1.5m 以上。焚烧后的动物尸体、产品或其他物品表面，以及掩埋后的地表环境应使用有效消毒药喷洒消毒。

3. 病弱陆生野生动物救治

对病弱水鸟的救治要以确保不造成疫情的扩散蔓延为前提。救护单位要做好救护场所的隔离、消毒和救护人员的个人防护等。

4. 分析评估

水鸟疫病专家委员会要对疫情发生趋势进行分析预测，对应急处置工作进行评估。

5. 紧急措施制定

各级林业主管部门根据评估结果及时调整应急处置措施，可以在本行政区域采取限制或者停止水鸟的观赏等活动紧急措施，必要时发布预警信息。

6. 应急处置人员的防护

参与应急处置的人员，要了解各类防护装备的性能和局限性，选择适宜的防护装备，在没有适当个体防护的情况下不得进入现场工作。要设立现场洗消点，注意对人员、车辆、工具等的消杀处理。

7. 信息发布

水鸟疫病信息发布要严格按照国家有关规定执行。通过授权发布、发新闻稿、接受记者采访、举行新闻发布会和专业网站、官方微博等多种方式、途径，及时、准确、客观、全面向社会发布森林火灾和应对工作信息，回应社会关切。发布内容包括疫情发生时间、地点、范围、流行病学调查情况和疫情应急处置工作开展情况等。

8. 宣传教育

利用广播、电视、报刊、互联网等多种媒体，采取多种形式，向社会公众开展水鸟疫源疫病监测防控知识、突发陆生野生动物疫病应急知识、相关法律法规的科普宣教，提高群众的防控意识和自我防护能力，引导群众科学认识、科学对待突发陆生野生动物疫病。要充分发挥有关社会团体在水鸟疫源疫病监测和应急处置方面的科普宣教作用。

（三）应急响应的终止

水鸟疫病发生区域内所有陆生野生动物及其产品按规定处理，且经过该疫病的至少一个最长潜伏期无新的病例出现时，启动应急响应的部门应当组织有关专家对疫病控制情况进行评估，提出终止应急响应的建议，按程序报批宣布，并向上级主管部门报告。

五、非事发地区的应急措施

接到预警信息后，有关地区林业主管部门要密切关注事件进展，及时获取相关信息，要加强重要疫源水鸟和重点疫病的监测工作；要组织好本行政区域人员、物资等应急准备工作，并根据上级主管部门的统一指挥，支援突发陆生野生动物疫病发生地的应急处置工作；要有针对性地开展水鸟疫源疫病监测防控知识的宣传教育，提高公众自我保护意识和能力。

六、调查评估

水鸟疫病扑灭后，承担应急响应工作的部门应当组织有关人员对水鸟疫病应急处置工作进行评估。评估的内容主要包括：水鸟鸟群状况、生境恢复情况，流行病学调查结果、溯源情况，疫情处置经过、采取的措施及效果评价，应急处置过程中存在的问题、取得的经验和建议。评估报告报上级主管部门和同级人民政府。

第六章

监测信息报告与管理

第一节
监测信息报告

按照《陆生野生动物疫源疫病监测防控管理办法》（国家林业局令 2013 第 31 号），《陆生野生动物疫源疫病监测技术规范》(LY / T 2359—2014) 要求，各监测站点结合当地实际，科学合理设置候鸟等野生动物观察点、巡查路线和监测样地，加强对重要野生动物集中分布地和鸟类主要繁殖地、停歇地、迁徙走廊带及相关环节的疫情监测。

监测信息报告是指监测站将监测过程中采集到的水鸟种类、种群数量、分布情况、行为异常和异常死亡信息，以及样品采集信息、检验检测报告等逐级上报的过程。信息报告分为日报告、快报和专题报告三种形式。水鸟疫源疫病监测信息通过全国野生动物疫源疫病监测信息网络直报系统报送。

监测信息处理是指对采集到的信息进行汇总、分析，得出水鸟疫病传播扩散趋势的过程。实行监测信息报告的目的是便于林业主管部门全面、准确、及时地掌握辖区内水鸟疫源疫病发生动态和监测工作进展，为预警分析、应急决策提供科学依据。

一、相关术语

• 陆生野生动物疫源：携带危险性病原体，危及野生动物种群安全，或者可能向人类、饲养动物传播的陆生野生动物。

• 陆生野生动物疫病：在陆生野生动物之间传播、流行，对陆生野生动物种群构成威胁或者可能传染给人类和饲养动物的传染性疾病。

• 陆生野生动物疫源疫病监测：调查疫源陆生野生动物活动规律，掌握陆生野生动物携带病原体本底，发现、报告陆生野生动物感染疫病情况，研究、评估疫病发生、传播、扩散风险，分析、预测疫病流行趋势，提出监测防控和应急处理措施建议，预防、控制和扑灭陆生野生动物疫情等系列活动的总称。

• 陆生野生动物疫源疫病监测站：承担陆生野生动物疫源疫病监测防控职责，通过巡护、观测等方式掌握野生动物种群动态，发现陆生野生动物异常情况，对陆生野生动物疫病发生情况作出初步判断，及时报告陆生野生动物疫病情况，并开展应急处置的实施单位。

• 自然疫源地：传染疫病的病原体、媒介及宿主（易感动物）存在于特殊的生物地理群落，形成的稳定地域综合体。其中，病原体没有人类参与也能在动物间长期流行并反复繁殖。

• 日常监测：以巡护、观测等方式，了解陆生野生动物种群数量和活动状况，掌握陆生野生动物异常情况，并对是否发生陆生野生动物疫病提出初步判断意见。

• 专项监测：根据疫情防控形势需要，针对特定的疫源陆生野生动物种类、特定的陆生野生动物疫病、特定的重点区域进行巡护、观测和检测，掌握特定陆生野生动物疫源疫病变化情况，提出专项防控建议。

• 信息报告：县级以上林业主管部门和各级监测站将监测过程中采集到的陆生野生动物种类、种群数量、分布范围、行为异常和异常死亡信息，以及样品采集信息、检验检测报告等逐级上报的过程。信息报告分为日报告、快报和专题报告三种形式。

• 信息处理：对采集到的信息进行汇总、分析、评估，得出陆生野生动物疫病发生情况、发展趋势、危害程度等结果的过程。

• 线路巡查：按照统计学要求布设巡查线路（样线），在样线上行进，观察并记录样线两侧陆生野生动物种类、数量、安全状况以及距离样线中线垂直距离的调查方法。

• 定点观测：在野生动物集中活动区域，按照统计学要求布设样点，以样点为中心，观察并记录周围陆生野生动物种类、数量、安全状况及距离样点中心距离的调查方法。

• 群众报告：群众在生产、生活中，发现陆生野生动物异常情况后向当地林业主管部门或监测站报告。

• 异常情况：陆生野生动物表现出与该物种自然生活、生长过程不相符合的生理、形态和行为等方面的差异。主要包括：个体猝死、种群大规模死亡或群体死亡；行为异常，如跌倒、头颈部倾斜、头及颈部扭曲、打转、瘫痪、惊厥等；运动异常，如在没有受外伤的情况下，无法正常站立、行走或扇动翅膀等；形态异常，如不明原因的消瘦、组织器官肿胀或变色、开放性溃疡等；生理异常，如口、鼻、耳或肛门流出或清或浊液体、打喷嚏、腹泻、反胃等。

• 陆生野生动物疫情：指在一定区域，陆生野生动物突然发生疾病，且迅速传播，导致陆生野生动物发病率或者死亡率高，给陆生野生动物资源造成严重危害，具有重要经济社会影响，或者可能对饲养动物和人民身体健康与生命安全造成危害的事件。

• 陆生野生动物疫情暴发：指在一定区域，短时间内发生波及范围广泛、出现大量陆生野生动物患病或者死亡病例，其发病率远远超过常年的发病水平的现象。

• 我国尚未发现的动物疫病：指新发现的动物疫病，或者在其他国家和地区已经发现，在我国尚未发生过的动物疫病，如疯牛病、非洲马瘟等。

• 我国已消灭的动物疫病：指在我国曾发生过，但已扑灭净化的动物疫病，如牛瘟、牛肺疫等。

• Ⅰ、Ⅱ、Ⅲ、Ⅳ类陆生野生动物疫病：见林业行业标准《陆生野生动物疫病危害性等级划分》（LY/T 2360—2014）。

• 受威胁区：指疫病从发生地通过陆生野生动物活动或者人为因素等传播，可能造成疫情扩散蔓延的区域。

• 现场封锁隔离：指对陆生野生动物异常情况发生现场，为防止无关人员或者其他野生动物进入而采取的划定警戒线、人员看守等防止潜在疫病扩散蔓延的防控措施。

• 水鸟疫情：指野生动物突然发生重大疫病，且传播迅速，导致水鸟发病率或者死亡率高，给野生动物种群造成严重危害，或者可能对人民身体健康与生命安全造成危害，具有重要经济社会影响和公共卫生意义。

• 水鸟异常死亡事件：指在某一地点、在特定时间内发生野生动物异常死亡。

• 突发事件：指在一定区域，短时间内发生波及范围广泛、出现大量患病水鸟或死亡病例，其发病率远远超过常年的发病水平。

• 水鸟生境：指水鸟赖以生存的环境条件。它由一定的地理空间（非生物环境）、植物和其他生物（生物环境）构成，其中由植物组成的植被是水鸟生境的主要因子，是地理空间条件的综合反映。

• 小生境：指各种水鸟在大的生态环境中，选择最适合其生活的具体环境条件，这些条件构成了水鸟生活的小生境。它是某种水鸟取食、活动、筑巢、隐蔽的具体地点。在调查中，应给予充分的重视。小生境应以一定的地物特征加以说明。

• 地理坐标：指发现水鸟异常情况地点的经纬度数据，用 GPS 取得。

• 种群：是由同种生物的个体组成，是分布在同一生态环境中能够自由交配、繁殖的个体群，但又不是同种生物个体的简单相加。在自然界，种群是物种存在、物种进化和表达种内关系的基本单位，是生物群落或生态系统的基本组成部分。种群特征包括种群密度、年龄组成、性别比例、出生率和死亡率等。

• 快报：是在无论是否实行日报告制度，只要发现水鸟大量行为异常或异常死亡或确诊为疫情等情况时就立即实时实施。

• 专题报告内容：包括水鸟疫源疫病本底调查、专项监测、科学研究成果和总结报告等。《陆生野生动物疫源疫病监测防控管理办法》中规定，在日常监测中，根据水鸟迁徙、活动规律和疫病发生规律等分别实行重点时期监测和非重点时期监测。日常监测的重点时期和非重点时期，由省、自治区、直辖市人民政府林业主管部门根据本行政区域内陆生野生动物资源变化和疫病发生规律等情况确定并公布，报国家林业和草原局备案。重点时期内的水鸟疫源疫病监测情况实行日报告制度；非重点时期的水鸟疫源疫病监测情况实行周报告制度。但是发现异常情况的，应当按照有关规定及时报告。

二、报告制度

1.重点监测时期的报告制度

按照《陆生野生动物疫源疫病监测防控管理办法》的要求，重点监测时期的监测信息报告实行日报告和快报制度。日报告制度是指在重点时期内，各国家级陆生野生动物疫源疫病监测站的巡护、观测频次是每日一次，并在每日 14 点前将当日（或前一日）监测到的水鸟种类、种群数量、活动地点、行为异常和异常死亡等信息按要求逐级上报。快报是在发现水鸟异常死亡或得到检测结果等，不按规定时间及时报告信息的报告制度。

2. 非重点时期的报告制度

非重点时期原则上实施周报告和快报制度。

在此时期各级水鸟疫源疫病监测站每周至少开展一次巡护、观测，并在每周五 14 点前将本周监测到的水鸟种类、种群数量、活动地点、行为异常和异常死亡等信息填报信息报告，逐级上报。但在此时期内，如有特殊情况，应以快报形式报告。当然，各级林业主管部门如果有更严格的工作要求，巡护及信息上报也应从严。

3. 突发事件快报的实施

实施突发事件快报制度是在无论是否实行日报告制度，只要发现水鸟大量行为异常或异常死亡或确诊为疫情等情况时就立即实时实施。各监测站点当发现水鸟大量行为异常或异常死亡时，必须立即组织两名或两名以上专业技术人员赶赴现场，进行流行病学现场调查和野外初步诊断，确认为疑似传染病疫情后立即向当地动物防疫部门报告，并在 2h 内报送国家林业和草原局生物灾害防控中心和安徽省野生动物疫源疫病监测总站，并按照《陆生野生动物疫源疫病监测技术规范》（LY/T 2359—2014）的规定要求进行处理。

每例突发异常事件填报一份，快报信息还应包括以下内容。

• 现场封锁。监测信息报告中应有对水鸟异常死亡的现场采取封锁措施的内容。

• 现场消毒和尸体处理。监测信息报告中还应说明现场消毒处理情况。

• 报检。监测信息报告中要有报检内容、受理单位和初步检测结果等。

如确诊为传染病疫情，报检单位应在 2h 内将情况向安徽省野生动物疫源疫病监测总站报告，安徽省野生动物疫源疫病监测总站收到报告后立即向国家林业和草原局生物灾害防控中心报告。

第二节
监测信息管理

一、监测员岗位职责

• 认真履行《重大动物疫情应急条例》赋予的职责，熟悉野生动物疫源疫病监测方法。

• 严格按照规定的监测时间、监测周期、监测地点、检测线路进行监测工作。

• 发现野生动物出现发病急、传播迅速、死亡率高等异常情况或疫情，必须详细记录发现时间、地点、野生动物种类、死亡数量、异常症状等情况，并及时报告监测站负责人。

• 监测任务完成后，必须如实地填写《安徽省水鸟疫病野外监测记录表》（附录7），并按时上报监测站信息通讯员进行汇总。

• 注意个人防护措施，预防动物疫病感染。

• 按时完成领导交办的其他工作。

二、节假日应急值守制度

• 各监测站节假日一律安排人员值班，做好应急值守。

• 值班人员应坚守岗位，确保通讯畅通，做好解答。

• 值班人员要有高度的责任感和警惕性，严禁漏岗、擅离职守；值班期间不许留外来人员，不许喝酒、参与各种娱乐活动；遇紧急情况迅速通知有关领导，并认真做好电话记录和值班日记。

• 对值班不负责任、擅离职守的同志予以批评教育，出现问题的要追究当事人责任。

三、监测信息保密制度

• 各监测站必须配备专人负责监测信息的管理归档工作。

• 每天监测的原始记录必须妥善保管，不得随意遗弃或丢失。

• 不准随意公开监测信息，如需公开的，必须经过监测站负责人批准。

• 重大疫情的判定和发布，要严格遵守国家有关规定，由动物防疫主管部门归口办理，不得擅自发布。

四、监测档案管理制度

· 认真贯彻执行档案工作的各项法律法规和规章制度，严格执行各项保密制度，保证档案的完整和完全。

· 档案实行统一管理，并设专人负责；全体工作人员都必须按规定做好职责范围内的监测材料的收集、保存、整理工作。

· 按照档案归档范围，将监测完毕的、具有保存和参考价值的全部监测档案收集齐全，分类进行立卷归档。

· 归档案卷质量要求，组卷遵循文件材料的形成规律和特点，保持文件之间的有机联系，区别不同价值，案卷题名表达简明确切，案卷封面、卷内文件目录书写规范，案卷装订整齐、牢固、不压字、不漏页，便于保管和利用。

· 立卷归档时间。档案立卷一般按年度归档，应在每年 3 月底前将上一年的文件材料立卷归档完毕。

· 单位职工因工作需要借阅监测档案须填写借阅单后，方可查阅。

五、信息收集报告制度

· 国家级陆生野生动物疫源疫病监测站实行日常监测信息报送制度。

· 安徽重点时段为每年的 10 月 1 日至次年的 4 月 30 日实行日报告，非重点时段为每年的 5 月 1 日至 9 月 30 日实行周报告。

· 监测信息上报的途径为国家陆生野生动物疫源疫病监测防控信息管理系统。

· 安徽省陆生野生动物疫源疫病监测总站负责国家级监测站监测信息上报的审核工作。

六、责任追究制度

· 责任追究制度的对象指监测站全体专兼职人员。

· 因领导或岗位负责人对工作不重视，工作不力造成的事故、损失等，要追究其责任。

· 对疫源疫病监测信息不及时报告、漏报、隐瞒不报或弄虚作假，要追究责任人的责任。

· 因处理不当，防范措施不落实发生重大疫情、事故，使集体利益或个人利益造成损失的，要追究责任人责任。

七、野外监测记录表填写

野外监测人员可使用 PDA 等监测设备进行实时监测、记录、上报，或者也可在监测工作结束后及时将监测情况填入水鸟疫病野外监测记录表中（附录 7），回到监测站后，将信息录入监测直报系统上报。监测信息应妥善保管。

野生动物疫病野外监测记录表填写要求如下。

• 在监测区域内所有监测到的水鸟情况都应填入表内。

• 监测人：应为经过相关专业培训且具备上岗资格的专职或兼职监测员。

• 监测站点：应说明某国家级或省级野生动物疫源疫病监测站及所属的某监测点或巡查线路名称，如安徽安庆国家级野生动物疫源疫病监测站—菜子湖监测点，巡查线路起止名称。

• 监测区域：监测点所负责的监测区域，以当地地名为准。

• 地理坐标：在保证安全的前提下，尽可能靠近异常死亡的动物并用卫星定位仪定位记录数据。

• 生境特征：按发现水鸟所在湿地、滩涂和湖泊等类型记录描述。

• 种类：为物种学名，鉴定名称。

• 种群特征：种群是否具有迁徙及年龄垂直结构。

• 症状：有无出血、精神状态、行为状况。

• 现场初步检查结论：监测人员或兽医。

• 现场处理情况：是否采取消毒、隔离等现场处理措施。

• 异常动物处理：对初步检查发现异常的水鸟是否进行取样、掩埋等处理措施。

第七章

安徽常见疫源水鸟识别

鸭科 Anatidae

01 鸿雁 *Anser cygnoides*

形态特征 体长 80~90cm。嘴与额基之间有一棕白色细纹；头顶至颈背棕褐色，颈侧棕白色。头顶至后颈中央棕褐色；头侧、颏、喉浅棕色；前颈和颈侧棕白色；上背、肩暗褐色具浅棕色羽缘，下背和腰黑褐色具白色周缘；飞羽黑褐色，尾羽灰褐色具羽白色缘；下体胸部浅黄色，腹至尾下覆羽白色。虹膜褐色；嘴黑色；跗蹠及蹼橙红色。

飞行（赵凯 摄）

生态习性 我国东北地区及西伯利亚有繁殖，主要在长江中下游地区越冬。以草本植物的叶、芽为食，繁殖期兼食部分甲壳类和软体动物。

物种分布 安徽安庆沿江湿地及升金湖常见，淮河流域及江淮丘陵地区偶见。冬候鸟，每年 10 月上旬抵达安徽，次年 3 月中下旬北去繁殖。

保护级别 国家二级；IUCN 易危（VU）。

站立（赵凯 摄）

02 豆雁 *Anser fabalis*

形态特征　体长 70～85cm 的大型游禽。雌雄羽色相似。成鸟嘴甲和鼻孔之间具橘黄色块斑；头、颈暗棕褐色，背和翼上覆羽灰褐色具浅色羽缘；飞羽、尾羽以及腰黑褐色，腰侧和尾上覆羽白色；下体胸以上浅褐色，两胁具黑褐色横斑；腹以下白色。虹膜暗褐色；嘴黑色；跗蹠及蹼橘黄色。

生态习性　越冬期主要栖息于河流、湖泊、水库、沼泽等开阔湿地。性喜集群，常与其他雁混群。食物以植物为主。

物种分布　安徽主要分布于沿江平原、江淮丘陵以及淮北平原的开阔湿地。冬候鸟，每年10月中下旬抵达安徽，次年 3 月中下旬北迁。

保护级别　国家"三有"保护动物；安徽省二级。

飞行（左二白额雁）（赵凯 摄）

站立（赵凯 摄）

03 短嘴豆雁 *Anser serrirostris*

形态特征 体长 70~85cm 的大型游禽。雌雄羽色相似。上体棕褐色，下体污白色，嘴黑褐色，具橘黄色端斑，脚橙黄色。与豆雁在中国东部同域分布，但是短嘴豆雁体型通常更小，颈脖更短，嘴长度通常在 70mm 以下，下嘴基更厚，嘴端部黄色变化较大。

生态习性 繁殖于苔原地带，迁徙或越冬期，集大群于开阔平原草地、湖泊、农田地区，以苔草、农田作物为食。

物种分布 分布区及习性同豆雁，常与豆雁混群。本种和豆雁形态上主要区别在于本种体型较小、额弓较高，且嘴端黄斑更大。野外调查时可并入豆雁记录。

保护级别 国家"三有"保护动物；安徽省二级。

站立（赵凯 摄）

04 灰雁 *Anser anser*

形态特征 体长70~90cm的大型游禽。雌雄羽色相似。与豆雁和鸿雁嘴的颜色明显不同，与白额雁和小白额雁区别在于额无白斑。成鸟头顶、后颈以及上体暗褐色，背和翼上覆羽具浅色羽缘；飞羽和尾羽黑褐色，尾羽端部和尾覆羽白色；下体灰白色，两胁具不规则褐色斑纹。虹膜褐色，眼圈红色；嘴橘红色；跗蹠及蹼橘红色。

生态习性 越冬期栖息于富有芦苇等挺水植物的河流、湖泊、库塘等水域。多集小群活动，食物以植物为主，兼食虾、螺等水生动物。

物种分布 安徽主要分布于沿江平原、江淮丘陵以及淮北平原较为开阔的湖泊、河流等湿地。冬候鸟，每年10月中旬抵达安徽，次年3月中旬北迁。

保护级别 国家"三有"保护动物；安徽省二级。

觅食（赵凯 摄）

05 白额雁 *Anser albifrons*

形态特征　体长 60~80cm 的大型游禽。雌雄羽色相似。成鸟嘴粉色，额具大块白斑，眼周色暗。头、颈以及上背暗褐色，背和翼上覆羽具浅色羽缘；下背和腰黑色，尾上覆羽白色；飞羽和尾羽黑色，尾羽端部白色；胸和两胁灰褐至暗褐色，杂以白色斑纹；腹至尾下覆羽白色。虹膜褐色；跗蹠及蹼橘黄色。幼鸟似成鸟，额部白斑小或缺失，嘴呈橘黄色，下体黑色斑块少。

生态习性　越冬期主要栖息于河流、湖泊、水库及其附近开辟的沼泽和农田等湿地。常成小群活动，也与豆雁、鸿雁等混群。食物以植物为主，多在陆地觅食。

物种分布　安徽主要分布于沿江平原、江淮丘陵以及淮北平原。冬候鸟，每年 10 月上旬抵达安徽，次年 3 月上旬开始北迁。

保护级别　国家二级；IUCN 近危（NT）。

成体（赵凯 摄）

06 小白额雁 *Anser erythropus*

形态特征　体长 50～60cm 的中等游禽。似白额雁，但体型略小，嘴和颈较短，体色更深；眼圈黄色，成鸟额部白色斑块延伸至头顶。虹膜褐色；嘴粉红色；跗蹠及蹼橘黄色。

生态习性　越冬期主要栖息于开阔的河流、湖泊、水库及其附近的农田、沼泽等湿地。性喜集群，常见与白额雁混群。主要以植物的茎、叶和种子为食。

物种分布　安徽主要分布于沿江平原、江淮丘陵以及淮北平原的较为开阔的湖泊、河流等湿地。冬候鸟，每年 10 月中旬抵达安徽，次年 3 月中旬北迁。本种在安徽越冬数量较白额雁少。

保护级别　国家二级；IUCN 易危（VU）。

成体（胡云程 摄）

07 小天鹅 *Cygnus columbianus*

形态特征　体长 110～140cm 的大型游禽。似大天鹅，成鸟通体白色。嘴基部黄色区域较小，沿嘴缘向前延伸不超过鼻孔。虹膜棕褐色；跗蹠及蹼黑色。幼鸟体羽白色占头部褐色较重；嘴粉红色，端部黑色。

生态习性　栖息于水生植物丰茂的湖泊、河湾、水库等开阔水域。主要以水生植物的根、茎和种子为食，兼食部分水生动物。

物种分布　安徽主要分布于沿江、江淮丘陵以及淮河沿岸的湿地。冬候鸟，每年 10 月上旬抵达安徽，次年 3 月中下旬北去繁殖。

保护级别　国家二级；IUCN 近危（NT）。

成体（赵凯 摄）

08 赤麻鸭 *Tadorna ferruginea*

形态特征 体长 50~70cm 的中大型游禽。雄鸟额和头棕白色，体羽多赤褐色，下颈基部有一窄的黑色颈环；初级飞羽、初级覆羽黑褐色，其余翼覆羽白色微沾棕黄；翼镜辉绿色；尾上覆羽和尾羽黑色，腋羽和翼下覆羽白色。雌鸟似雄鸟，但无黑色颈环，额、头顶、眼周近白色。虹膜褐色；嘴、跗蹠及蹼黑色。

生态习性 栖息于河流、湖泊、库塘等水域。主要以水生植物的茎、叶等组织为食，兼食甲壳类等水生动物。

物种分布 安徽主要分布于沿江平原、江淮丘陵以及淮北平原的河流、湖泊、库塘等湿地。冬候鸟，较为常见，每年 10 月中下旬抵达安徽，次年 3 月中下旬北去繁殖。

保护级别 国家"三有"保护动物；安徽省二级。

雄鸟（赵凯 摄）

雌鸟（赵凯 摄）

⑨ 翘鼻麻鸭 *Tadorna tadorna*

形态特征 体长 50~65cm 的中等游禽。雄鸟嘴基部具明显的皮质肉瘤，嘴红色上翘；头和上颈黑色，具绿色光泽；肩羽黑色，上背至胸有一宽阔的栗色环带，上体余部白色；初级飞羽黑色，翼镜绿色；三级飞羽栗色，翼上覆羽多白色；尾下覆羽棕黄色，腹中央至尾下覆羽有一宽的黑色纵带，下体余部以及翼下覆羽白色。雌鸟似雄鸟，但嘴基无瘤状突起，额基具白色斑块。虹膜暗褐色；跗蹠及蹼粉红色。

生态习性 栖息于河流、湖泊、库塘等水域。性喜集群，主要以水生动物为食，兼食少量植物性食物。

物种分布 安徽主要分布于沿江平原和江淮丘陵之间的河流、湖泊、库塘等湿地。冬候鸟，每年 10 月中下旬抵达安徽，次年 3 月中下旬北去繁殖。

保护级别 国家"三有"保护动物；安徽省二级。

雄鸟（赵凯 摄）

雌鸟（赵凯 摄）

⑩ 棉凫 *Nettapus coromandelianus*

形态特征　体长约 30cm 的小型游禽。雌雄异色。雄鸟额至头顶黑色，颈基具黑绿色环带；上体以及翼上覆羽多黑褐色，具绿色金属光泽；飞羽黑褐色，初级飞羽大部分以及次级飞羽端部白色；头侧、后颈以及下体白色，翼下覆羽黑褐色。雌鸟具黑褐色贯眼纹，无黑色颈环；上体暗棕褐色，胸污白色而具黑褐色斑纹，两胁灰褐色，胸以下白色。虹膜红褐色；雄鸟嘴黑色，雌鸟下嘴侧缘黄褐色；跗蹠和蹼黄绿色。

生态习性　栖息于多水草的河流、湖泊、库塘等水域。成对或小群活动，主要以水生植物的芽、叶为食，兼食水生动物。繁殖期 5～7 月，营巢于靠近水域的树洞。

物种分布　安徽主要分布于沿江平原的河流、湖泊、库塘等水域，数量稀少。夏候鸟。

保护级别　国家二级；IUCN 濒危（EN）。

左雌右雄（汪湜 摄）

⑪ 鸳鸯 *Aix galericulata*

形态特征 体长40~45cm的中等游禽。雌雄异色。雄鸟眼周及眉纹白色粗著，枕后具栗色冠羽；眼先和颊橙黄色，前颈和颈侧赤褐色；上体及翼上覆羽多褐色，肩羽和次级飞羽蓝、绿和白色相间；最后一枚三级飞羽特化成橙黄色帆状饰羽；上胸紫蓝色，胸侧黑且具

雌鸟（赵凯 摄）

条白色条纹；两胁棕黄色，下体余部白色。雌鸟头及上体灰橄榄褐色，具白色眼线和眼后线。虹膜褐色；雄鸟嘴红色，雌鸟黑色；跗蹠及蹼橙黄色。

生态习性 栖息于山区河流、湖泊、库塘等水域。主要以水生植物的芽、叶为食，兼食水生动物。繁殖期5~7月，营巢于靠近水域的树洞。

物种分布 安徽分布于皖南山区、大别山区僻静的溪流或库塘等水域。多为冬候鸟，每年10月上旬抵达安徽，次年4月上旬北去繁殖。皖南山区和大别山区有少量繁殖群。

保护级别 国家二级；IUCN近危（NT）。

雄鸟（赵凯 摄）

⑫ 赤颈鸭 *Anas penelope*

形态特征 体长 41~52cm 的中等游禽。雌雄异色。雄鸟额至头顶乳黄色，头颈余部赤褐色；背、肩灰白色，具暗褐色波状细纹；翼具大型白斑，三级飞羽线黑色延长；翼镜翠绿色，其上下缘线黑色；下体胸部浅赤褐色，体侧与背同色，腹部白色；尾上覆羽和尾下覆羽均

雌鸟（汪湜 摄）

为绒黑色，腋羽和翼下覆羽灰白色。雌鸟头颈暗棕褐色，上体暗褐色而具浅色羽缘；翼镜灰褐色，其上、下以及内侧边缘白色；胸及两胁棕褐色，下体余部白色。虹膜棕色；嘴蓝灰色，先端黑色；跗蹠铅蓝色。

生态习性 栖息于江河、湖泊、库塘等开阔水域。善潜水，性喜集群，常与其他鸭类混群。主要以眼子菜、水藻等植物为食，兼食少量水生动物。

物种分布 安徽主要分布于沿江平原、江淮丘陵、大别山区以及淮北平原富有水草的河流、湖泊、库塘等水域。冬候鸟，每年秋季 10 月中下旬抵达安徽，次年 3 月下旬北去繁殖。

保护级别 国家"三有"保护动物；安徽省二级。

雄鸟（汪湜 摄）

⑬ 罗纹鸭 *Anas falcata*

形态特征　体长40～52cm的中等游禽。雌雄异色。雄鸟头顶暗栗色，头侧、后颈铜绿色；背、肩灰白色，密布暗褐色波状细纹；腰至尾上覆羽暗褐色，尾上覆羽黑色；翼镜绿黑色，上下缘白色；三级飞羽线黑色，延长呈镰状；颏、喉和前颈白色，前颈基部具黑色领环；胸部暗褐色，密布白色新月形斑；尾下覆羽线黑色，两侧具乳黄色斑块；下体余部与背同色，翼下覆羽白色。雌鸟头颈暗棕褐色，上体黑褐色具黄褐色羽缘，而呈"V"形斑；下体胸及两胁棕黄色，密布暗褐色新月形斑。虹膜褐色；嘴黑灰色；跗蹠及蹼暗灰色。

生态习性　栖息于河流、湖泊、水库等开阔水域。性喜集群，多成小群活动。主要以水生植物为食，兼食部分无脊椎动物。

物种分布　安徽各地均有分布，主要分布于沿江平原、江淮丘陵以及淮北平原的河流、湖泊、库塘等开阔水域。冬候鸟，每年10月中下旬抵达安徽，次年3月下旬北去繁殖。

保护级别　国家"三有"保护动物；安徽省二级；IUCN近危（NT）。

雄鸟（赵凯 摄）

雌鸟（赵凯 摄）

⑭ 赤膀鸭 *Anas strepera*

形态特征　体长 44~54cm 的中等游禽。雌雄异色。雄鸟头颈暗棕褐色，头侧色浅；上背暗褐色而具白色波状细纹，下背至尾上覆羽绒黑色；翼镜黑、白两色，中覆羽赤褐色，其余飞羽和翼覆羽灰褐色；胸部暗褐色，具新月形白色羽缘；体侧与上背同色，腹部白色；尾下覆羽绒黑色，腋羽和翼下覆羽白色。雌鸟上体暗褐色，具棕白色羽缘；下体胸和两胁浅黄褐色，杂以暗褐色斑纹。虹膜褐色；雄鸟嘴黑色，雌鸟嘴峰黑色，两侧橙黄色；跗蹠及蹼橘黄色。

生态习性　栖息于河流、湖泊、库塘等开阔水域。常成小群或与其他鸭类混群。主要以水生植物为食。

物种分布　安徽主要分布于沿江平原、江淮丘陵以及淮北平原的河流、湖泊、库塘等水域。冬候鸟、旅鸟，每年 11 月中下旬抵达安徽，次年 3 月上旬北去繁殖。

保护级别　国家"三有"保护动物；安徽省二级。

左雌右雄（董文晓 摄）

15 花脸鸭 *Anas formosa*

形态特征　体长 37~44cm 的中等游禽。雌雄异色。雄鸟头顶黑色，头侧乳黄色被黑色细带纹一分为二，其后方为翠绿色大型斑；上背、两胁石板灰色，上体余部多褐色；肩羽星柳叶状，由黑白和红褐色组成；翼镜自上而下由红、绿、黑和白 4 色构成；胸部红棕色具黑褐色点斑，腹部白色，尾下覆羽黑褐色，翼下覆羽和腋羽白色。虹膜棕褐色；嘴黑色；跗蹠及蹼黄色。

雌鸟（赵凯 摄）

生态习性　多栖息于富有水生植物的开阔水域。常成小群或与其他野鸭混群。主要以藻类等水生植物的芽、嫩叶、果实和种子为食。

物种分布　安徽除大别山区以外，各地均有分布记录，升金湖和武昌湖可见上万只集群，其余地区零星分布。冬候鸟、旅鸟，每年 11 月上旬抵达安徽，次年 3 月上旬北去繁殖。

保护级别　国家二级；IUCN 近危（NT）。

雄鸟（赵凯 摄）

16 绿翅鸭 *Anas crecca*

形态特征 体长30~47cm的中小型游禽。雌雄异色。雄鸟头颈深栗色,头侧自眼周向后有一条宽阔的蓝绿色带纹;上背及体侧暗灰色,具白色虫蠹状细纹;外侧肩羽呈白色条状,具绒黑色羽缘;翼镜翠绿色,上下边缘白色,外侧线黑色;下体棕白色,胸具黑色斑点;尾下覆羽绒黑色,两侧具乳黄色斑块。雌鸟具黑色贯眼纹,头颈褐色沾棕;上体黑褐色,具浅红褐色羽缘;下体近白色,胸和两胁具褐色斑点,尾下覆羽和腋羽白色。虹膜棕褐色;嘴黑色;跗蹠及蹼黄色。

生态习性 冬季栖息于开阔的河流、湖泊、库塘等水域。性喜集群。主要以水生植物为食,兼食小型水生动物。繁殖期栖息于水草丰茂的僻静湖泊、池塘,地面营巢,简陋但极其隐蔽。

物种分布 安徽各地均有分布记录,较为常见的冬候鸟。冬候鸟,少数为留鸟,每年9月下旬抵达安徽,次年3月中下旬北归。

保护级别 国家"三有"保护动物;安徽省二级。

雄鸟(赵凯 摄)

雌鸟(赵凯 摄)

17 绿头鸭 *Anas platyrhynchos*

形态特征　体长47~62cm的中等游禽。雌雄异色。雄鸟头、颈铜绿色具金属光泽，颈基部具白色领环；上背和体侧暗灰色，具灰白色波状细纹；尾上覆羽和中央尾羽绒黑色；翼镜紫蓝色，上下边缘各具较窄的黑纹和白色宽边；白色颈环以下至上胸暗栗色，腹部灰白

雌鸟（赵凯 摄）

色，尾下覆羽黑色。雌鸟具黑褐色贯眼纹，上体黑褐色，具浅黄褐色羽缘，形成明显的"V"形斑；下体棕白色，满布黑褐色斑纹。虹膜暗褐色；雄鸟嘴黄绿色，嘴甲黑色，雌鸟嘴峰黑褐色，侧缘黄褐色；跗蹠及蹼橘红色。

生态习性　栖息于湖泊、河流、库塘、沼泽等水域。成对或成小群活动，冬季集大群，也与其他鸭类混群。杂食性，主要以植物性食物为食，兼食部分水生动物。本种为家鸭祖先。

物种分布　安徽各地均有分布，较为常见的冬候鸟，存在较大规模的繁殖种群。每年10月中下旬抵达安徽，次年3月中下旬北去繁殖。

保护级别　国家"三有"保护动物；安徽省二级。

雄鸟（赵凯 摄）

18 斑嘴鸭 *Anas poecilorhyncha*

形态特征　体长 52~64cm 的中等游禽。雌雄羽色相似。嘴黑色具黄色端斑为本种标志性特征；翼镜蓝色，上下缘具较窄的白色带纹；眉纹白色而贯眼纹黑褐色，头侧皮黄色，颊部有一暗褐色条纹；头顶及上体黑褐色，肩羽及翼覆羽具浅黄褐色羽缘；下体皮黄色，密

飞行（赵凯 摄）

布暗褐色斑纹；尾下覆羽黑色，腋羽和翼下覆羽白色。虹膜棕褐色；跗蹠及蹼橘红色。

生态习性　栖息于河流、湖泊、库塘、沼泽等湿地。常成小群活动，冬季与其他鸭类混群。主要以水生植物为食，兼食部分水生动物。繁殖期 5~7 月，栖息于水草丰茂的湖泊、库塘，营巢于僻静的岸边或湖心岛的芦苇丛中。

物种分布　安徽各地均有分布。部分冬候鸟，留鸟在全省各地均较为常见。

保护级别　国家"三有"保护动物；安徽省二级。

站立（赵凯 摄）

⑲ 针尾鸭 *Anas acuta*

形态特征 体长 43～70cm 的中等游禽。雌雄异色。雄鸟头及头侧棕褐色，后颈中部黑褐色，颈侧有一白色细带纹融入下体；肩羽黑色延长呈条状，具棕白色羽缘；上体余部和体侧暗灰色，密布暗褐色波状细纹；翼镜铜绿色，具红褐色上缘和白色下缘；中央两枚尾羽特别延长，线黑色；下体白色，尾下覆羽黑色，两侧具乳黄色带斑。雌鸟头棕褐色，上体黑褐色，具红褐色羽缘和点状斑；体侧暗褐色，具宽阔的棕白色羽缘，而呈"V"形斑纹。虹膜褐色；嘴黑色；跗蹠及蹼黑色。

生态习性 栖息于开阔的河流、湖泊、库塘、沼泽等湿地。性喜集群，主要以水生植物为食，兼食部分昆虫和水生动物。

物种分布 安徽主要分布于沿江平原、江淮丘陵以及淮北平原的开阔湿地。冬候鸟，淮北平原为旅鸟。每年 10 月下旬抵达安徽，次年 3 月下旬北去繁殖。

保护级别 国家"三有"保护动物；安徽省二级。

左雄右雌（赵凯 摄）

⑳ 白眉鸭 *Anas querguedula*

形态特征 体长 32~48cm 的中等游禽。雌雄异色。雄鸟头顶至后颈中央黑色，具较粗的白色眉纹；颊、颈侧巧克力色，杂以白色细纹；上体多黑褐色，具棕白色羽缘；肩羽和翼上覆羽蓝灰色；翼镜绿色，上下各具宽阔的白边；胸部棕褐色，密布暗褐色斑纹；体侧灰白色，具褐色波状斑纹；下体余部以及腋羽白色。雌鸟具棕白色眉纹和黑褐色贯眼纹，头颈褐色沾棕，上体黑褐色具棕白色羽缘；胸和体侧棕褐色，具白色羽缘。虹膜褐色；嘴黑色；跗蹠及蹼黑色。

生态习性 栖息于开阔的湖泊、江河、库塘等水域。多在富有水草的浅水处觅食，主要以水生植物为食，兼食部分水生动物。

物种分布 安徽主要分布于沿江平原、江淮丘陵以及淮北平原的开阔湿地。冬候鸟，每年9月下旬至10月上旬抵达安徽，次年3月下旬北去繁殖。

保护级别 国家"三有"保护动物；安徽省二级。

雄鸟（袁晓 摄）

雌鸟（赵凯 摄）

123

㉑ 琵嘴鸭 *Anas clypeata*

形态特征 体长 43～51cm 的中等游禽。雌雄异色。上嘴先端扩大呈铲状是本种标识性特征。雄鸟头顶黑褐色，余部暗绿色而具金属光泽；上背、外侧肩羽白色，上体余部黑褐色；小覆羽和中覆羽蓝灰色，翼镜翠绿色；大覆羽端部白色，形成明显的翼上白斑；胸部白色，腹和两胁栗褐色；尾下覆羽黑色，两侧前缘白色，腋羽和翼下覆羽白色。雌鸟上体暗褐色，具较窄的棕白色羽缘；翼上覆羽蓝灰色，体侧暗褐色具较宽的红褐色羽缘。雄鸟虹膜黄色，雌鸟褐色；雄鸟嘴黑色，雌鸟黄褐色；跗跖及蹼橙红色。

生态习性 栖息于河流、湖泊、水塘、沼泽等开阔水域。喜在浅水沼泽地觅食，主要以软体动物等为食，兼食少量水生植物。

物种分布 安徽主要分布于沿江平原、江淮丘陵以及淮北平原的开阔湿地。冬候鸟，在淮北平原为旅鸟，每年 10 月中下旬抵达安徽，次年 3 月中下旬北去繁殖。

保护级别 国家"三有"保护动物；安徽省二级。

雄鸟（赵凯 摄）

雌鸟（赵凯 摄）

㉒ 红头潜鸭 *Aythya ferina*

形态特征 体长 42～49cm 的中等游禽。雌雄异色。雄鸟头、上颈栗红色，下颈和胸部棕黑色；腰至尾上覆羽和尾下覆羽黑色，上体余部灰白色，具黑色波状细纹；翼上覆羽灰褐色，翼镜白色，下体余部以及腹羽和翼下覆羽白色。雌鸟头、颈、胸、下体侧棕褐色，上体暗褐色，翼镜灰色。虹膜红色；嘴基部和端部黑色，中间蓝灰色；跗蹠及蹼灰褐色。

生态习性 栖息于富有水生植物的河流、湖泊、库塘等开阔水域。成群或混群活动，善于潜水。主要以水藻等水生植物为食，兼食软体动物等水生动物。

物种分布 安徽主要分布于沿江平原、江淮丘陵以及淮北平原的开阔湿地。冬候鸟，在淮北平原为旅鸟，每年 10 月中下旬抵达安徽，次年 3 月中下旬北去繁殖。

保护级别 国家"三有"保护动物；安徽省一级。

雄鸟（董文晓 摄）

雌鸟（赵凯 摄）

125

23 青头潜鸭 *Aythya baeri*

形态特征 体长 42~47cm 的中等游禽。雌雄异色。雄鸟头颈暗绿色具金属光泽，上体黑褐色；翼镜白色宽阔；胸部栗色，两胁棕褐色杂以白色；下体余部以及腋羽和翼下覆羽白色。雌鸟头颈暗栗色，嘴基具栗红色斑；上体和翼上覆羽黑褐色，翼镜白色；胸棕褐色，体侧栗褐色杂以白色。雄鸟虹膜白色，雌鸟褐色；嘴深灰色，嘴甲黑色；跗蹠及蹼铅灰色。

生态习性 栖息于富有水草的湖泊、库塘、沼泽等开阔水域。常成对或小群活动，善潜水和游泳。杂食性，主要以水草等植物为食，兼食软体动物、甲壳动物等。

物种分布 安徽分布于沿江平原、江淮丘陵以及淮北平原的湖泊、河流等湿地。冬候鸟，在淮北平原为旅鸟，巢湖、黄陂湖、武昌湖等地均观察到少量繁殖种群。每年 10 月中下旬抵达安徽，次年 3 月中下旬北去繁殖。

保护级别 国家一级；IUCN 极危（CR）。

雄鸟（武明录 摄）

雌鸟（黄丽华 摄）

㉔ 白眼潜鸭 *Aythya nyroca*

形态特征　体长 33~43m 的中等游禽。雌雄相近。雄鸟虹膜白色；头、颈、胸深栗色，颈基部具黑色颈环；上体黑褐色，翼镜白色；体侧棕褐色，上腹白色，下腹浅棕褐色，尾下覆羽、腋羽和翼下覆羽白色。雌鸟似雄鸟，但虹膜灰白色，体羽栗色部分较暗，呈暗棕褐色。嘴蓝灰色；跗蹠及蹼灰褐色。

生态习性　栖息于水草丰富的湖泊、库塘、沼泽等开阔湿地。成对、小群或与其他鸭类混群。善潜水觅食，主要以水生植物为食，兼食部分水生动物。

物种分布　安徽分布于沿江平原和江淮丘陵地区的湖泊、库塘、沼泽等湿地。冬候鸟，每年 10 月中下旬抵达安徽，次年 3 月中下旬北去繁殖。

保护级别　国家"三有"保护动物；安徽省一级；IUCN 近危（NT）。

雄鸟（武明录　摄）

雌鸟（黄丽华　摄）

㉕ 凤头潜鸭 *Aythya fuligula*

形态特征 体长 39~49cm 的中等游禽。雌雄异色。雄鸟头颈紫黑色，具明显的冠羽；上体、两翼以及翼上覆羽黑褐色，翼镜白色；胸和尾下覆羽黑色，腹、体侧、腋羽和翼下覆羽白色。雌鸟羽冠较短，额基具浅色斑块；头、颈、胸棕褐色，上体黑褐色，两胁浅棕褐色，腹以下灰白色。虹膜黄色；嘴铅灰色，先端黑色；跗蹠及蹼灰褐色。

生态习性 主要栖息于湖泊、河流、库塘等开阔水域。性喜集群，善潜水，常与其他鸭类混群。主要以水生动物为食，兼食少量水生植物。

物种分布 安徽分布于沿江平原、江淮丘陵以及淮北平原的湖泊、库塘等开阔水域。冬候鸟，在淮北平原为旅鸟，每年 10 月下旬抵达安徽，次年 3 月下旬向北去繁殖。

保护级别 国家"三有"保护动物；安徽省二级。

左雌右雄（董文晓 摄）

㉖ 斑背潜鸭 *Aythya marila*

形态特征　体长 42~49cm 的中等游禽。雌雄异色。雄鸟头、颈黑色，具绿色金属光泽；上背、腰和尾上覆羽黑色；下背、肩羽白色，密布黑色波浪状细纹；翼镜白色；下体胸黑色，腹部和两胁白色，尾下覆羽黑色，腋羽和翼下覆羽白色。雌鸟嘴基具有明显的白色块斑；

雌鸟（朱英 摄）

头、颈、胸棕褐色，两胁浅棕褐色；上体黑褐色，翼镜白色。虹膜黄色；嘴铅灰色；跗蹠及蹼铅灰色。

生态习性　栖息于湖泊、河流、库塘等开阔水域。成对或集群活动，善潜水觅食，起飞前需要在水面助跑。主要以小型鱼类、甲壳类、软体动物等水生动物为食，兼食水藻等水生植物。

物种分布　安徽分布于沿江平原、江淮丘陵以及淮北平原的湖泊、库塘等开阔水域。冬候鸟，在淮北平原为旅鸟，每年 10 月下旬抵达安徽，次年 3 月下旬北去繁殖。

保护级别　国家"三有"保护动物；安徽省二级。

雄鸟（赵凯 摄）

29 中华秋沙鸭 *Mergus squamatus*

形态特征　体长 58～64cm 的中大型游禽。似普通秋沙鸭，但体侧具明显的黑褐色鳞状斑纹。雄鸟头颈黑色具有绿色金属光泽，后头具簇状冠羽；上背、内侧肩羽黑色，上体余部白色密布黑色横纹；次级飞羽、大覆羽以及中覆羽白色，两翼余部黑色；下体棕白色，两胁具黑褐色鳞状斑纹。雌鸟头颈棕褐色，眼先及眼周黑色；上体及翼上覆羽暗褐色，杂以白色波纹。虹膜褐色；嘴细窄，橘红色；跗蹠及蹼橘红色。

生态习性　栖息于人为活动较少且水质较好的山区溪流、水库。主要以山溪鱼类等水生动物为食。

物种分布　安徽主要分布于皖南山区、大别山区人为干扰较少的山溪、库塘。冬候鸟，在江淮丘陵地区为旅鸟，每年 10 月下旬抵达安徽，次年 3 月上旬北去繁殖。

保护级别　国家一级；IUCN 濒危（EN）。

飞行（赵凯 摄）

左雌右雄（赵凯 摄）

㉚ 小䴙䴘 *Tachybaptus ruficollis*

形态特征 体长25~32cm的小型游禽，俗称水葫芦。雌雄体色相似，成鸟上体黑褐色，下体灰白色，翼灰褐色，尾短白色，趾间具瓣蹼。繁殖期头侧和颈侧红褐色，嘴角具乳黄色斑块，非繁殖期消失。虹膜浅黄色；繁殖期嘴黑色，非繁殖期侧缘黄色；跗蹠和蹼黑色。幼鸟头具白色条纹，嘴粉红色。

生态习性 栖息于水草丛生的湖泊、池塘等湿地。善潜泳，几乎不离开水。性怯懦，遇惊扰立即潜入水下或隐匿于水草间。繁殖期4~6月，以水草营造水上浮巢。主要以鱼、虾等水生动物为食。

物种分布 安徽最常见的水鸟，各地广泛分布。留鸟。

保护级别 国家"三有"保护动物。

繁殖羽（赵凯 摄）

非繁殖羽（赵凯 摄）

133

㉛ 凤头䴙䴘 *Podiceps cristatus*

形态特征 体长 45～55cm 的中等游禽。雌雄体色相似。成鸟头顶具黑色冠羽，颈修长，上体黑褐色，下体白色。繁殖期具斗篷状红褐色饰羽，冬季消失，头侧和颈侧白色。虹膜橙红色；嘴峰黑褐色，两侧粉红色；跗蹠和蹼黑色。幼鸟头具黑白相间条纹。

生态习性 栖息于多水草的河流、湖泊、水库等开阔水域。善潜水，主要以鱼、虾、软体动物等水生动物为食，兼食部分水生植物。繁殖期 5～7 月；以水草、芦苇等营造水面浮巢。

物种分布 安徽主要分布于沿江平原、江淮丘陵以及沿淮较为开阔的水域。留鸟，在淮北平原为冬候鸟。

保护级别 国家"三有"保护动物；安徽省二级。

繁殖羽（赵凯 摄）

非繁殖羽（赵凯 摄）

㉜ 红脚苦恶鸟 *Amaurornis akool*

形态特征 体长 24～30cm 的中小型涉禽。雌雄羽色相似。成鸟头顶、后颈及上体橄榄褐色，头侧、颈侧、胸、腹蓝灰色；颏、喉色，两胁及尾下覆羽与上体同色。虹膜红褐色；嘴黑褐色，下嘴基部黄绿色；胫裸露部分跗蹠和趾红色。幼鸟上体暗灰褐色，下体蓝灰沾黑色。雏鸟黑色。

生态习性 栖息于水草丰茂的河流、湖泊、灌渠和库塘等湿地。多单独活动。杂食性，主要以昆虫等无脊椎动物为食，兼食植物种子。繁殖期 4～6 月，巢营于水域附近的灌丛、草丛或水田中。

物种分布 安徽除淮北平原外，各地均有分布。留鸟。

保护级别 国家"三有"保护动物。

成鸟（赵凯 摄）

33 白胸苦恶鸟 *Amaurornis phoenicurus*

形态特征 体长 25～29cm 的中小型涉禽。雌雄羽色相似。成鸟头、颈以及上背和肩暗石板灰色；下背至尾羽棕褐色；额、眼先、颊以及下体自颏至腹中央纯白色，腹以下红棕色。虹膜红褐色；嘴黄绿色，上嘴基部红色；胫裸露部分、跗蹠以及趾黄色。幼鸟背橄榄褐色，下体灰白色。

生态习性 栖息于水生植物丰茂的湖泊、池塘、沼泽地以及水稻田等湿地。单独或成对活动。杂食性。繁殖期 4～6 月，求偶鸣声单调重复："苦恶……苦恶……"，营巢于近水的草丛或灌丛等隐秘处。

物种分布 安徽各地均有分布，较常见。夏候鸟，皖北地区可见少量留鸟。

保护级别 国家"三有"保护动物。

成鸟（赵凯 摄）

㉞ 黑水鸡 *Gallinula chloropus*

形态特征　体长 30～35cm 的中等涉禽。雌雄羽色相似。成鸟额甲鲜红色，头颈黑色；上背青灰色，上体余部橄榄褐色；飞羽和尾羽黑褐色；下体胸腹黑灰色，两胁具白色条纹；尾下覆羽中央黑色，两侧纯白。虹膜红褐色；嘴基部红色，端部黄色；胫红色，跗蹠及趾绿色。幼鸟无红色额甲，体羽多灰褐色，尾下覆羽两侧白色。

生态习性　栖息于水草丰富的湖泊、河流、池塘、沼泽等各类淡水湿地。杂食性，主要以水生无脊椎动物和水生植物组织为食。繁殖期 5～7 月，营巢于隐秘的水草或芦苇丛间。

物种分布　安徽各地广泛分布，最常见的水鸟之一。留鸟。

保护级别　国家"三有"保护动物。

育雏（赵凯 摄）

③⑤ 白骨顶 *Fulica atra*

形态特征 体长 40～43cm 的中等游禽。雌雄羽色相似。成鸟嘴粉白色，具白色额甲；头、颈黑色，体羽灰黑沾棕；最外侧飞羽边缘白色，内侧飞羽端部白色，飞行时可见。虹膜红褐色；胫裸出部分橙黄色，跗蹠及趾灰绿色，趾间具瓣蹼。幼鸟头顶黑褐色杂有白色细纹，头侧、下体灰白色。

生态习性 栖息于开阔的河流、湖泊等水域。多集群活动。杂食性，主要以鱼、虾等水生动物为食，兼食水生植物。

物种分布 安徽分布于沿江、江淮丘陵以及淮北平原的各类湿地。冬候鸟，在南淝河湿地见少量繁殖鸟。每年 10 月中下旬抵达安徽，次年 3 月中下旬北去繁殖。

保护级别 国家"三有"保护动物。

成鸟（赵凯 摄）

㊱ 白鹤 *Grus leucogeranus*

形态特征 体长 120~140cm 的大型涉禽。雌雄羽色相似。成鸟额至眼后缘裸露无羽，朱红色；通体白色，但初级飞羽、初级覆羽和小翼羽黑色；站立时黑色的初级飞羽通常被白色的三级飞羽掩盖，飞翔时则十分醒目。幼鸟头、颈、上背及翼上覆羽棕黄色，初级飞羽黑色。虹膜浅黄色；嘴红色；胫裸出部分、跗蹠部以及趾暗红色。

飞行（赵凯 摄）

生态习性 栖息于开阔的河流、湖泊的滩头、沼泽等湿地。主要以苦草、眼子菜、苔草等植物的茎和块根为食，兼食部分水生动物。每年 10 月中下旬抵达安徽，次年 3 月上旬北去繁殖。

物种分布 安徽除皖南山区外，各地均有分布记录。在沿江平原为冬候鸟，其余地区为旅鸟。

保护级别 国家一级；IUCN 极危（CR）。

家庭群（赵凯 摄）

37 白枕鹤 *Grus vipio*

形态特征 体长约 100cm 的大型涉禽。雌雄羽色相似。成鸟眼周露皮红色，嘴基绒毛近黑色；头顶、枕部、后颈白色，体羽以及前颈和颈侧带纹暗石板灰色，以及前颈和颈侧带纹；外侧飞羽和初级覆羽黑褐色，三级飞羽灰色并延长成"弓"形。虹膜黄色；嘴黄色；胫、跗蹠及趾红色。幼鸟头部沾棕褐色。

生态习性 栖息于河流、湖泊的浅水区，以及多水草的沼泽地带。主要以植物种子、茎、叶等为食，兼食部分水生动物。

物种分布 安徽除皖南山区以外，各地均有分布记录。沿江平原冬候鸟，大别山区和江淮丘陵为旅鸟。每年 10 月中旬抵达安徽，次年 3 月中下旬北去繁殖。

保护级别 国家一级；IUCN 濒危（EN）。

飞行（赵凯 摄）

觅食（赵凯 摄）

38 灰鹤 *Grus grus*

形态特征　体长 100～110cm 的大型涉禽。雌雄羽色相似。成鸟头、颈黑色，头顶裸出部分红色，自眼后有一白色宽纹经耳区、后枕延伸至上背；飞羽和尾羽黑色，三级飞羽灰色且延长弯曲成"弓"形，羽枝呈毛发状；其余体羽多灰色。虹膜黄色；嘴黄色；胫、跗蹠及趾黑褐色。幼鸟顶冠被羽，体羽灰色沾棕。

飞行（赵凯 摄）

生态习性　栖息于开阔的湖泊、河漫滩和沼泽等湿地。多成小群活动，觅食时常有一只鹤处于警戒状态。杂食性。

物种分布　安徽分布于沿江平原和江淮丘陵地区。主要为旅鸟，沿江平原有少量冬候鸟。每年 10 月上旬抵达安徽，次年 3 月中旬北去繁殖。

保护级别　国家二级；IUCN 近危（NT）。

成鸟（赵凯 摄）

③⁹ 白头鹤 *Grus monacha*

形态特征　体长 95～110cm 的大型涉禽。雌雄羽色相似。成鸟头、颈白色，前头裸皮朱红色；体羽多深灰色，飞羽黑褐色，内侧飞羽羽枝松散，延长弯曲成"弓"形。虹膜红褐色；嘴黄绿色；胫裸出部和跗蹠灰黑色，趾红色。幼鸟头颈棕黄色，嘴粉红色。

生态习性　栖息于河流、湖泊的浅水滩头以及沼泽地和湿草地。多以家庭为单位的小群活动。以植物球茎、块根、种子为食，兼食鱼、虾。

物种分布　安徽主要分布于沿江平原的大型湖泊、河流湿地。安庆沿江湿地及石臼湖均有稳定越冬种群。每年 10 月下旬抵达安徽，次年 3 月中旬北去繁殖。

保护级别　国家一级；IUCN 濒危（EN）。

飞行（赵凯 摄）

集群（赵凯 摄）

反嘴鹬科 Recurvirostridae

④ 黑翅长脚鹬 *Himantopus himantopus*

形态特征 体长 33～41cm 的中等涉禽。雄鸟虹膜红褐色，嘴黑色细长，腿修长粉红色；上体及翼上覆羽黑色，具蓝绿色金属光泽；下背至腰有一白色带纹与尾上覆羽相连；体羽余部白色，头顶至后颈的黑色区域个体间变异较大。雌鸟似雄鸟，但上体棕褐色。幼鸟上体褐色，具明显的浅色羽缘。

生态习性 栖息于开阔的河流、湖泊等湿地的浅水滩头，以及沼泽地。集群活动，主要以鱼类、甲壳类等水生动物为食。

物种分布 安徽分布于沿江平原、江淮丘陵以及淮北平原。多数为旅鸟，少量冬候鸟。3月下旬在巢湖周边湿地记录到交配过程，6月初有雏鸟记录，8月下旬沿江湿地出现幼鸟群体。冬候鸟每年 10 月上旬抵达安徽，次年 3 月下旬北去繁殖。

保护级别 国家"三有"保护动物；安徽省二级。

雄鸟（赵凯 摄）

雌鸟（赵凯 摄）

④1 反嘴鹬 *Recurvirostra avosetta*

形态特征 体长 33~43cm 的中等涉禽。雌雄羽色相似。成鸟嘴黑色，细长而上翘；头顶至后颈、肩羽以及外侧初级飞羽黑色，翼上覆羽具大块黑斑，其余体羽白色。虹膜褐色；胫、跗蹠以及趾绿灰色。幼鸟似成鸟，但体羽黑色部分为暗褐色或灰褐色所替代。

生态习性 栖息于开阔水域的浅水区或沼泽地。单独或成对活动，迁徙时集大群。主要以小型水生脊椎动物为食，觅食时用嘴在泥水中左右扫动。

物种分布 安徽分布于沿江平原、江淮丘陵、大别山区以及淮北平原。冬候鸟，在淮北平原为旅鸟。每年 10 月中下旬抵达安徽，次年 4 月中旬北去繁殖。

保护级别 国家"三有"保护动物。

飞行（赵凯 摄）

成鸟（赵凯 摄）

42 凤头麦鸡 *Vanellus vanellus*

形态特征 体长 29~34cm 的中小型涉禽。雌雄羽色相似。成鸟繁殖羽：头顶黑色，冠羽长而向上反曲；头侧和后颈白色，眼后具短的黑色条纹；上体灰绿色具金属光泽，尾上覆羽白色；飞羽黑色，外侧飞羽具白色端斑；喉至胸黑色，尾下覆羽浅棕色，下体余部以及腋羽和翼下覆羽纯白色。成鸟非繁殖羽：颏、喉白色。虹膜暗褐色；嘴黑褐色；胫、跗蹠和趾暗红色。

飞行（赵凯 摄）

生态习性 栖息于河流、湖泊、沼泽等湿地，以及附近的农田等区域。喜成群活动，主要以无脊椎动物和小型脊椎动物为食。

物种分布 安徽各地均有分布。冬候鸟，在淮北平原为旅鸟。每年秋季 10 月中下旬抵达安徽，次年 3 月中下旬北去繁殖。

保护级别 国家"三有"保护动物。

成鸟（赵凯 摄）

④③ **灰头麦鸡** *Vanellus cinereus*

形态特征 体长 33~35cm 的中等涉禽。雌雄羽色相似。成鸟繁殖羽：头、颈、胸灰色，上体褐色，腰至尾羽基部白色；初级飞羽黑色，次级飞羽和大覆羽端部白色，其余翼覆羽与背同色；下胸具黑色带斑，胸以下、腋羽和翼下覆羽白色。虹膜红褐色；嘴黄色，端部黑色；胫、跗蹠和趾黄色。幼鸟无黑色胸带，上体具浅色羽缘。

飞行（赵凯 摄）

生态习性 栖息于低山丘陵、平原的河流、湖泊沿岸的开阔地，以及沼泽、农田、湿草地等区域。主要以无脊椎动物为食，兼食部分植物组织。繁殖期 4~6 月，营巢于裸露的草地上。

物种分布 安徽各地均有分布。夏候鸟，在淮北平原为旅鸟。每年春季 2 月初即抵达安徽，9 月中旬南迁越冬。

保护级别 国家"三有"保护动物。

成鸟（赵凯 摄）

44 金鸻 *Pluvialis fulva*

形态特征　体长 23～25cm 的中小型涉禽。雌雄羽色相似。成鸟繁殖羽：头及上体黑褐色，满布金黄色斑点；自眼先经颈侧达胸侧和两胁有一宽阔的白色条带，将金色的上体与黑色的下体分开；头侧以及下体黑色，两胁和尾下覆羽白色具黑褐色斑纹。虹膜暗褐色；嘴黑色；胫、跗蹠和趾黑褐色，后趾缺失。幼鸟似成鸟非繁殖羽。

生态习性　栖息于河流、湖泊的滩涂，以及沼泽地、稻田等地。单独或成小群活动，主要以无脊椎动物和小型脊椎动物为食。

物种分布　安徽迁徙季节见于沿江平原、江淮丘陵以及淮北平原。旅鸟，每年春季 4 月下旬至 5 月上旬，秋季 10 月上旬，途经安徽。

保护级别　国家"三有"保护动物。

繁殖羽（赵凯　摄）

非繁殖羽（赵凯　摄）

㊼ **环颈鸻** *Charadrius alexandrinus*

形态特征 体长 17~18cm 的小型涉禽。雄鸟繁殖羽：具白色颈环和不完整的黑褐色胸带；眉纹白色与额部的白色区域相连；额上方具黑色斑块，但不与贯眼纹相连；头顶及后颈棕褐色，上体褐色沾棕；飞羽黑褐色，翼具白色翅斑。雄鸟非繁殖羽：额无黑色斑块，繁殖羽中的黑色部分为灰色所替代。雌鸟似雄鸟非繁殖羽。虹膜暗褐色；嘴黑色；胫、跗蹠和趾黑褐色。幼鸟上体具浅色羽缘。

生态习性 栖息于河流、湖泊的滩头，以及沼泽地。喜集群活动，主要以昆虫等无脊椎动物为食。

物种分布 安徽各地均有分布。多为冬候鸟或旅鸟，少数在沿江平原和江淮丘陵地区繁殖。冬候鸟每年最早 8 月下旬抵达安徽，次年 3 月中下旬北去繁殖。

保护级别 国家"三有"保护动物。

雄鸟（赵凯 摄）

雌鸟（赵凯 摄）

㊽ 长嘴剑鸻 *Charadrius placidus*

形态特征　体长 19～22cm 的小型涉禽。雌雄羽色相似。成鸟繁殖羽：似金眶鸻，颈基具白色领环，黑褐色胸带完整，但眼周不为金黄色，翼具白色翅斑。成鸟非繁殖羽：眉纹浅黄褐色，额上方黑色斑块消失，胸带灰褐色。虹膜暗褐色；嘴黑色，下嘴基部黄色；胫、跗蹠以及趾黄褐色。

生态习性　栖息于山地、丘陵以及平原地区的河流、湖泊岸边、滩头、沼泽地等区域。单独或成小群活动，主要以昆虫等无脊椎动物为食。繁殖期 4～6 月，营巢于较为隐蔽的沙石地上。

物种分布　安徽各地均有分布。皖南山区及沿江为留鸟，淮北平原为旅鸟。

保护级别　国家"三有"保护动物；IUCN 近危（NT）。

繁殖羽（赵凯 摄）

非繁殖羽（赵凯 摄）

151

㊾ 彩鹬 *Rostratula benghalensis*

形态特征 体长 24~25cm 的小型涉禽。雌雄异色，本种雌鸟较雄鸟色彩艳丽。雄鸟繁殖羽：眼圈、眼后短眉纹黄白色；头、颈、胸以及上体多灰黄色，杂以暗绿色和白色斑纹；肩部具宽阔的白色带纹，胸以下白色。雌鸟繁殖羽：眉纹白色粗著，头侧、颈和上胸棕红色，头顶、上体多绿灰色杂以黑褐色虫状斑；肩具白带，胸以下白色。虹膜褐色；嘴长，橙黄色；胫、跗蹠及趾黄绿色。幼鸟似雄鸟。

雌鸟（赵凯 摄）

生态习性 栖息于丘陵、平原地区的库塘、沿泽、沟渠等湿地以及水稻田中。一雌多雄制，繁殖期 4~6 月，营巢于沼泽或水田附近的水草丛中。

物种分布 安徽主要分布于沿江平原、江淮丘陵地区。夏候鸟，每年春季 3 月中下旬抵达安徽，8 月下旬至 9 月上旬南迁越冬。

保护级别 国家"三有"保护动物；安徽省一级。

雄鸟育雏（汪湜 摄）

50 水雉 *Hydrophasianus chirurgus*

形态特征 体长 35～42cm 的中等涉禽。雌雄羽色相似。成鸟繁殖羽：头、颈侧以及下体额至前领白色，枕具黑色斑块，后颈金黄色；上体多棕褐色，腰以下黑色，中间 4 枚尾羽特别延长；外侧初级飞羽具黑褐色，其余飞羽以及翼覆羽白色；下体颈以下棕褐色，腋羽和翼下覆羽白色。幼鸟头顶黄褐色，上体灰褐具黄褐色羽缘，头侧及下体多污白色，胸具褐色斑纹。

展翅（赵凯 摄）

生态习性 栖息于富有挺水和漂浮植物的淡水湖泊、池塘和沼泽地。单独或成对活动，步履轻盈，善在挺水植物上行走。主要以小型无脊椎动物和水生植物为食。繁殖期 5～7 月，营巢于芡实等浮叶植物上。

物种分布 安徽分布于沿江平原、江淮丘陵以及淮北平原。夏候鸟，每年 4 月上旬抵达安徽，10 月中旬南迁越冬。

保护级别 国家二级；IUCN 近危（NT）。

觅食（赵凯 摄）

(51) 丘鹬 *Scolopax rusticola*

形态特征 体长 32～34cm 的中等涉禽。雌雄羽色相似。外形似沙锥，但头顶和后颈具 4 条宽阔的黑褐色横斑；上体赤褐色，杂以黑色或灰褐色斑纹；额、喉灰白色，下体余部灰色沾棕，具黑褐色横纹。虹膜暗褐色；嘴基部近粉色，端部黑褐色；跗蹠及趾黄色。

生态习性 栖息于林间沼泽、湿草地和林缘灌丛地带。多夜间活动，白天隐伏。主要以蚯蚓、蜗牛等小型无脊椎动物为食，兼食植物根、浆果和种子。

物种分布 安徽迁徙季节各地均有分布。皖南山区为冬候鸟，其余地区为旅鸟。每年秋季 10 月中旬抵达安徽，次年 3 月下旬北去繁殖。

保护级别 国家“三有”保护动物。

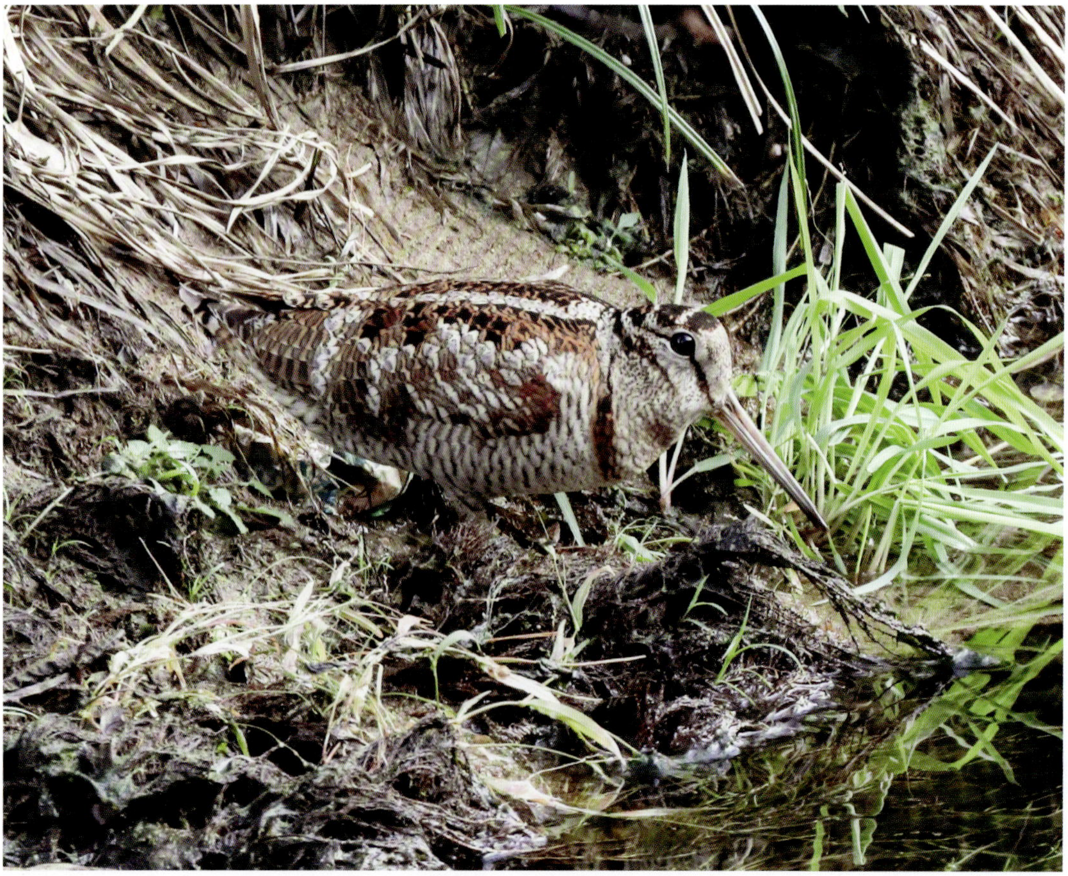

成鸟（董文晓 摄）

52 针尾沙锥 *Gallinago stenura*

形态特征　体长 21～27cm 的小型涉禽。雌雄羽色相似。成鸟头顶黑褐色杂以黄褐色斑纹，头顶中央具近白色的冠纹；眉纹浅黄色，贯眼纹黑褐色；上体以及翼上覆羽多黑褐色，具宽阔的白色羽缘和黄褐色斑纹；前颈和胸浅黄褐色，杂以黑褐色斑纹；下体余部污白色，体侧具黑褐色横纹；翼下密被黑褐色斑纹。虹膜褐色；嘴基部灰黄，端部黑褐色；胫、跗蹠及趾绿色。易与扇尾沙锥和大沙锥混淆。本种主要特征：最外侧 7 对尾羽呈针状，嘴约为头长的 1.5 倍，基部较粗往端部渐细；次级飞羽羽缘无明显白色；飞行时脚伸出尾后较多，受惊时呈"Z"字形线路飞行。

生态习性　栖息于河流、湖泊的岸边浅水区、沼泽地和水稻田等湿地。常单独或小群活动。主要以昆虫等无脊椎动物为食，兼食植物种子。

物种分布　安徽迁徙季节见于沿江平原、江淮丘陵以及淮北平原。旅鸟，每年春季 4 月中下旬，秋季 8 月下旬至 9 月上旬，途经安徽。

保护级别　国家"三有"保护动物。

成鸟（袁晓 摄）

53 扇尾沙锥 *Gallinago gallinago*

形态特征　体长 22~27cm 的小型涉禽。外形与针尾沙锥和大沙锥相似。但嘴基部和端部粗细相差不大，嘴长约为头长的 2 倍；肩羽外侧羽缘远较内侧宽阔；次级飞羽羽缘白色，翼下覆羽白色；受惊时呈"Z"字形路线飞行；尾羽 14 枚，各尾羽宽度相当。

生态习性　栖息于河流、湖泊的岸边浅水区、沼泽地和水稻田等湿地。常单独或成小群活动。主要以昆虫、软体动物等无脊椎动物为食，兼食植物种子。

物种分布　安徽各地均有分布。冬候鸟，每年 9 月中下旬抵达安徽，次年 4 月下旬北去繁殖。

保护级别　国家"三有"保护动物。

成鸟（赵凯 摄）

(54) 黑尾塍鹬 *Limosa limosa*

形态特征 体长 36～41cm 的中等涉禽。雌雄羽色相近。成鸟繁殖羽：头、颈和胸红褐色，头顶具黑褐色细纹；上体黑褐色具红褐色和白色羽缘；尾上覆羽和翼覆羽白色，尾羽黑色；翼上覆羽灰褐色，飞羽黑褐色具明显的白色翅斑；胸以下白色，具黑褐色和红褐色斑。成鸟非繁殖羽：头、上体以及胸部灰褐色，胸以下白色。虹膜暗褐色；嘴长而直，基部红色或黄色，端部黑色；胫、跗蹠及趾黑褐色。幼鸟似成鸟非繁殖羽。

生态习性 栖息于河流、湖泊的浅水区、沼泽等湿地。单独或成小群活动，善用长嘴插入泥中搜寻食物。主要以昆虫、甲壳类等无脊椎动物为食。

物种分布 安徽迁徙季节见于沿江平原、江淮丘陵以及淮北平原。旅鸟，每年春季 4 月中旬，秋季 9 月中旬至 10 月中旬，途经安徽。

保护级别 国家“三有”保护动物；安徽省二级。

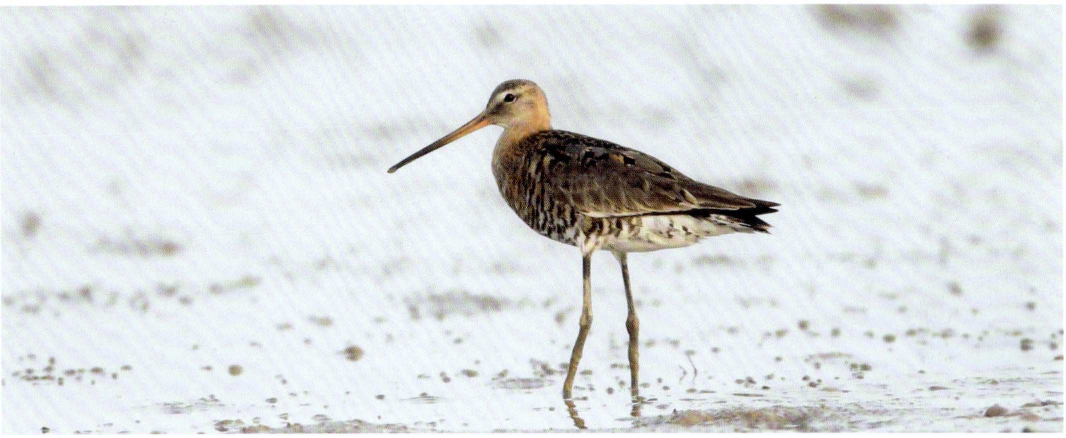

繁殖羽（赵凯 摄）

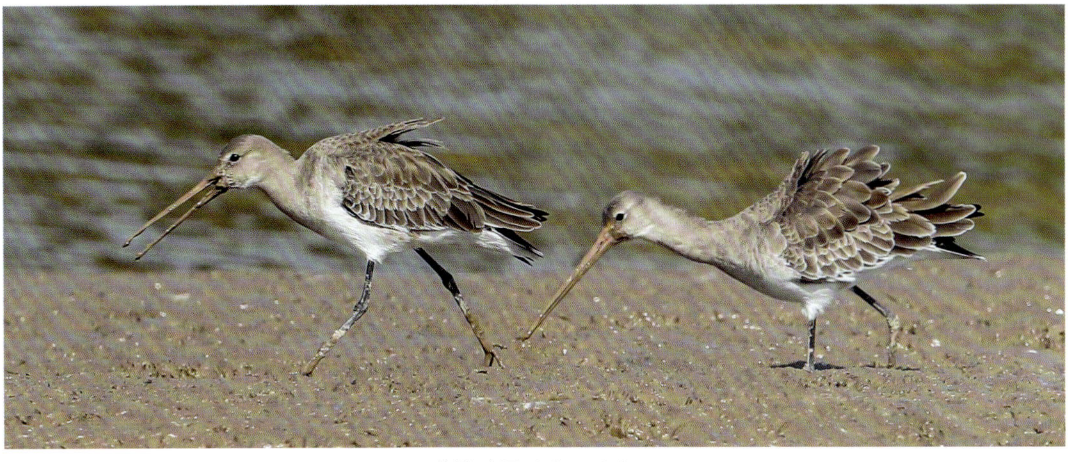

非繁殖羽（陈军 摄）

⑤⑤ 斑尾塍鹬 *Limosa lapponica*

形态特征 体长 36～41cm 的中等涉禽。雌雄羽色相似。成鸟繁殖羽：头侧以及下体全为棕栗色。成鸟非繁殖羽：头、颈、上体以及胸灰褐色，具黑褐色纵纹。虹膜暗褐色；嘴细长而上翘，基部红色而端部黑色；胫、跗跖及趾黑色。似黑尾塍鹬。但嘴细长而明显上翘；腰、尾上覆羽以及翼下覆羽白色，密布黑褐色斑纹；尾羽暗灰褐色，亦具黑褐色横纹。

生态习性 栖息于河流、湖泊的浅水区、沼泽等湿地。多成小群活动，善用长嘴插入泥中搜寻食物。主要以甲壳类等无脊椎动物为食。

物种分布 安徽迁徙季节见于沿江平原、江淮丘陵以及沿淮湿地。旅鸟，每年春季 4 月上旬，秋季 9 月中下旬，途经安徽。

保护级别 国家"三有"保护动物；IUCN 近危（NT）。

繁殖羽（赵凯 摄）

非繁殖羽（赵凯 摄）

56 白腰杓鹬 *Numenius arquata*

形态特征　体长 57~63cm 的中大型涉禽。雌雄羽色相似。成鸟头、颈、胸黄褐色，具黑褐色纵纹；上体黑褐色，具浅黄褐色羽缘；下背至腰纯白色，尾羽亦白色，但具暗褐色横纹；初级飞羽和初级覆羽黑褐色，两翼余部灰褐色，具白色横斑；腹以下及翼下覆羽纯白色。

飞行（袁晓 摄）

虹膜暗褐色；嘴黑褐色，下嘴基部红色；胫、跗蹠和趾近灰褐色。本种较中杓鹬体型更大，嘴更长；似大杓鹬，但下背至腰、腋羽和翼下覆羽均为纯白色。

生态习性　栖息于河流、湖泊的浅水区、沼泽湿地等区域。常成小群活动，利用长而下弯的嘴从泥中探觅食物。主要以鱼虾等水生动物为食。

物种分布　安徽迁徙季节见于沿江平原和江淮丘陵地区的浅水湿地。旅鸟，安庆沿江湿地偶见越冬。每年春季 4 月中下旬，秋季 10 月中下旬，途经安徽。

保护级别　国家二级；IUCN 近危（NT）。

成鸟（赵凯 摄）

57 鹤鹬 *Tringa erythropus*

形态特征　体长 26～33cm 的中小型涉禽。雌雄羽色相似。成鸟繁殖羽：眼圈白色，头、颈及下体黑色，上背、肩及翼上覆羽黑色，具白色羽缘斑；下背和腰白色，尾上覆羽至尾羽灰白色，具黑褐色横纹。成鸟非繁殖羽：头、颈以及上体灰褐色至暗褐色，翼上覆羽具白色

繁殖羽（赵凯 摄）

羽缘；下背和腰白色，尾上覆羽具黑褐色横纹；下体及翼下覆羽白色。嘴黑褐色，仅下嘴基部红色，嘴端微下弯。虹膜暗褐色；嘴细长，下嘴基部红色，端部微下弯；胫、跗蹠及趾红色。

生态习性　栖息于河流、湖泊岸边、库塘、沼泽以及农田等湿地。常单独或成小群活动。主要以甲壳动物、软体动物等小型水生动物为食。

物种分布　安徽迁徙季节见于沿江平原、江淮丘陵以及沿淮湿地。冬候鸟，在淮北平原为旅鸟。每年秋季 8 月下旬抵达安徽，次年 4 月下旬至 5 月上旬北去繁殖。

保护级别　国家"三有"保护动物。

非繁殖羽（赵凯 摄）

58 红脚鹬 *Tringa totanus*

形态特征　体长 26～28cm 的小型涉禽。雌雄羽色相似。成鸟繁殖羽：头及上体灰褐色，具黑色羽干纹和枫叶状斑纹；下背至腰纯白色；尾上覆羽白色，密布黑褐色横纹；初级飞羽黑褐色，次级飞羽白色形成显著的翅斑；下体白色，胸、腹密布黑色纵纹。成鸟非繁殖羽似鹤鹬，但本种嘴粗短，上下嘴基部均红色，端部不下弯。幼鸟似成鸟非繁殖羽，但眉纹白色，上体具皮黄色羽缘，嘴基和脚的红色不明显。

生态习性　栖息于河流、湖泊的岸边浅水区，以及沼泽等湿地。单独或小群活动，主要以甲壳类、软体动物等水生动物为食。

物种分布　安徽见于沿江平原、江淮丘陵地区的沼泽湿地。旅鸟，每年春季 4 月中下旬，秋季 10 月下旬至 11 月上旬，途经安徽。

保护级别　国家"三有"保护动物。

繁殖羽（赵凯 摄）

59 泽鹬 *Tringa stagnatilis*

形态特征 体长20~25cm的小型涉禽。雌雄羽色相似。成鸟繁殖羽：头、颈灰白色，具黑褐色细纵纹；背、肩以及翼上覆羽浅黄褐色，具黑色枫叶状斑纹；下背至尾上覆羽白色，尾羽具黑褐色斑纹；下体白色，前颈和体侧具黑色斑点，翼下覆羽白色。成鸟非繁殖羽：上体灰褐色，具白色羽缘；颈侧以及下体白色。虹膜暗褐色；嘴黑色，细长而直；胫、跗蹠及趾黄绿色。

生态习性 栖息于河流、湖泊的岸边浅水区，以及沼泽等湿地。单独或小群活动，主要以甲壳类、软体动物等水生动物为食。

物种分布 安徽迁徙季节见于沿江平原、江淮丘陵以及沿淮湿地。旅鸟，每年春季4月初至4月下旬，秋季9月中下旬，途经安徽。

保护级别 国家"三有"保护动物。

繁殖羽（赵凯 摄）

非繁殖羽（袁晓 摄）

60 青脚鹬 *Tringa nebularia*

形态特征　体长 30～35cm 的中小型涉禽。雌雄羽色相似。成鸟繁殖羽：头、颈灰白色，密布黑褐色细纹；上背、肩以及翼上覆羽灰褐色至黑褐色，具黑色斑纹和白色羽缘；下背至尾上覆羽纯白色，尾羽白色具暗褐色横纹；下体白色，胸及体侧具黑褐色斑纹。成鸟非繁殖羽：上体褐灰色，具黑褐色羽干纹和白色羽缘；下体白色。虹膜黑褐色；嘴粗基部蓝灰色，端部黑色微上翘；胫、跗蹠及趾黄绿色。

生态习性　栖息于沼泽、河流和湖泊的浅滩等湿地。多单独或小群活动，常用嘴在泥水中左右扫荡觅食。

物种分布　安徽主要分布于沿江平原、江淮丘陵以及沿淮湿地。冬候鸟，每年秋季 9 月中下旬抵达安徽，次年春季 4 月下旬至 5 月初离开。

保护级别　国家"三有"保护动物。

繁殖羽（赵凯 摄）

非繁殖羽（赵凯 摄）

61 **白腰草鹬** *Tringa ochropus*

形态特征　体长 20～24cm 的小型涉禽。雌雄羽色相似。成鸟繁殖羽：眼圈白色，眉纹白色和贯眼纹黑色均仅限于眼前方；头、颈灰褐色，密布白色细纹；上体暗褐色，具白色点状斑纹；尾上覆羽纯白色，尾羽具宽阔的黑色横斑；下体白色，胸具黑褐色纵纹。成鸟非繁殖羽似繁殖羽，上体斑点明显减少。虹膜暗褐色；嘴基部黄绿色，端部黑褐色；胫、跗蹠及趾黄绿色。

生态习性　主要栖息于河流、湖泊的浅水区，以及沼泽、水塘、农田等湿地。常单独或成对活动。主要以甲壳类、软体动物为食。

物种分布　冬季沿江、江淮丘陵之间各湿地常见物种。冬候鸟，每年最早 8 月上旬即抵达安徽，次年 4 月中下旬北去繁殖。

保护级别　国家"三有"保护动物。

繁殖羽（赵凯 摄）

非繁殖羽（赵凯 摄）

62 林鹬 *Tringa glareola*

形态特征 体长 21~23cm 的小型涉禽。雌雄羽色相似。成鸟繁殖羽：眉纹白色，贯眼纹黑褐色；头、颈黑褐色，密布白色细纹；上体及翼上覆羽黑褐色，具醒目的黄白色碎斑；尾上覆羽纯白色，尾羽白色具黑褐色横斑；下体白色，上胸密布黑褐色点状斑纹。成鸟非繁

繁殖羽（赵凯 摄）

殖羽：上体暗褐色，具较宽的白色羽缘；颈和胸灰褐色，具纤细的羽干纹。虹膜暗褐色；嘴黑色；胫、跗蹠及趾近黄色。

生态习性 栖息于河流、湖泊的浅水区以及沼泽、农田等湿地。多单独活动，主要以甲壳类、软体动物、昆虫等小型动物为食。

物种分布 安徽迁徙季节各地均有分布。旅鸟，每年春季 4 月中旬至 5 月上旬，秋季 8 月中下旬至 10 月中旬，途经安徽。

保护级别 国家"三有"保护动物。

过渡羽（赵凯 摄）

65 三趾滨鹬 *Calidris alba*

形态特征 体长 19～21cm 的小型涉禽。雌雄羽色相似，后趾退化。成鸟繁殖羽：头、颈和上胸红褐色，杂以黑褐色纵纹，胸以下白色；上体多黑色具红褐色斑纹，腰和尾上覆羽两侧白色。成鸟非繁殖羽：头及上体灰褐色，上体具黑褐色羽干纹和浅色羽缘；翼前缘黑褐色，翼上具白色翅斑；前额及下体纯白色。虹膜暗褐色；嘴黑色，粗短；胫、跗蹠及趾黑色。

生态习性 栖息于河流、湖泊岸边。多集群活动，喜在水边快速行走觅食。主要以甲壳类、软体动物、昆虫等小型无脊椎动物为食。

物种分布 安徽迁徙季节见于沿江平原和江淮丘陵地区。旅鸟，每年春季 5 月上旬至中旬，秋季 9 月中旬至下旬途经安徽。

保护级别 国家"三有"保护动物。

繁殖羽（赵凯 摄）

过渡羽（赵凯 摄）

66 红颈滨鹬 *Calidris ruficollis*

形态特征 体长 14～16cm 的小型涉禽。雌雄羽色相似。成鸟繁殖羽：头、颈红褐色，头顶和后颈杂以黑褐色细纵纹；上体黑褐色，背、肩和翼覆羽杂有红褐色，腰和尾上覆羽两侧白色；飞羽黑褐色，具白色翅斑；上胸具褐色斑纹，胸以下白色。成鸟非繁殖羽：头

繁殖羽（赵凯 摄）

及上体灰褐色，具暗褐色斑纹；下体白色，胸侧具褐色斑纹。虹膜暗褐色；嘴黑色，粗短而微下弯；胫、跗蹠及趾黑色。

生态习性 栖息于湖泊、河流岸边浅水滩头。多成群活动。主要以甲壳类、环节动物等小型无脊椎动物为食。

物种分布 安徽迁徙季节见于沿江平原和江淮丘陵地区。旅鸟，每年春季 4 月下旬至 5 月上旬，秋季 9 月中下旬途经安徽。

保护级别 国家"三有"保护动物；安徽省二级。

非繁殖羽（赵凯 摄）

67 青脚滨鹬 *Calidris temminckii*

形态特征 体长 14～15cm 的小型涉禽。雌雄羽色相似。成鸟非繁殖羽：头及上体暗灰色，具黑褐色羽干纹；飞羽黑褐色，翼具白色翅斑；下体胸污灰色，胸以下纯白色。成鸟繁殖羽：头、颈及胸浅黄褐色，上体多灰色，肩及翼上覆羽具粗着的黑色斑块和黄褐色羽缘。虹膜暗褐色；嘴黑色，短而微下弯，下嘴基部黄色；胫、跗蹠及趾黄绿色。

亚成鸟（赵凯 摄）

生态习性 栖息于河流、湖泊的浅水滩头以及水田中。多集群活动，在浅水滩头行走觅食。主要以甲壳类、昆虫等无脊椎动物为食。

物种分布 安徽迁徙季节见于沿江平原、江淮丘陵以及沿淮湿地。旅鸟，每年春季 4 月中旬，秋季 9 月中下旬途经安徽。

保护级别 国家"三有"保护动物。

成鸟（夏家振 摄）

⑥⑧ **长趾滨鹬** *Calidris subminuta*

形态特征　体长 14～16cm 的小型涉禽。雌雄羽色相似，中趾几与嘴等长。成鸟繁殖羽：具长而显著的白色眉纹，头顶红褐色杂以黑褐色纵纹；上体多黑褐色，具宽阔的红褐色羽缘；胸浅红褐色，具黑褐色纵纹，并沿胸侧延伸至两胁；下体余部以及腋羽纯白色。成鸟非繁殖羽：头、上体以及胸部红褐色变浅。虹膜暗褐色；嘴黑色，下嘴基部沾黄；胫、跗蹠及趾黄褐色。

生态习性　栖息于河流、湖泊岸边以及沼泽等湿地。单独或结群活动。主要以昆虫、软体动物为食。

物种分布　安徽迁徙季节见于沿江平原、江淮丘陵以及沿淮湿地。旅鸟，每年春季 4 月下旬至 5 月上旬，秋季 8 月中下旬途经安徽。

保护级别　国家"三有"保护动物。

繁殖羽（赵凯 摄）

非繁殖羽（陈军 摄）

⑥⑨ 尖尾滨鹬 *Calidris acuminata*

形态特征　体长 19～21cm 的小型涉禽。雌雄羽色相似。成鸟繁殖羽：具白色长眉纹，头部栗褐色杂以黑褐色细纹；上体以及翼上覆羽黑褐色，具红褐色羽缘；胸红褐色，胸和两胁具"V"型黑褐色斑纹，腹以下白色。成鸟非繁殖羽：白色眉纹更明显，头顶栗色变

繁殖羽（赵凯 摄）

浅，上体灰褐色具浅色羽缘，下体污白色具有不明显的褐色纵纹。虹膜暗褐色；嘴短微下弯，基部黄色，端部黑褐色；胫、跗蹠及趾黄绿色。

生态习性　栖息于河流、湖泊岸边浅滩以及沼泽地。单独或成小群活动。主要以昆虫、软体动物等小型无脊椎动物为食。

物种分布　安徽迁徙季节见于沿江平原、江淮丘陵以及江淮湿地。旅鸟，每年春季 5 月上中旬，秋季 9 月中旬途经安徽。

保护级别　国家"三有"保护动物。

过渡羽（夏家振 摄）

(70) 黑腹滨鹬 *Calidris alpina*

形态特征　体长 20～21cm 的小型涉禽。雌雄羽色相似。成鸟繁殖羽：头及上体多红褐色，具黑褐色斑纹；飞羽黑褐色，基部白色形成明显的翅斑；下体胸具黑褐色点状斑纹，腹具大型黑色斑块。成鸟非繁殖羽：上体灰褐色，下体白色，胸侧灰褐色。虹膜暗褐色；嘴黑色，明显较腿粗，端部微下弯；胫、跗蹠及趾黑色。

生态习性　栖息于海滨沼泽以及内陆河流、湖泊岸边浅水处。冬季多成小群活动。主要以甲壳类、软体动物、昆虫等为食。

物种分布　安徽除皖南山区以外，其他各地均有分布。冬候鸟，在淮北平原为旅鸟。每年秋季 9 月下旬抵达安徽，次年 4 月上旬北去繁殖。

保护级别　国家“三有”保护动物。

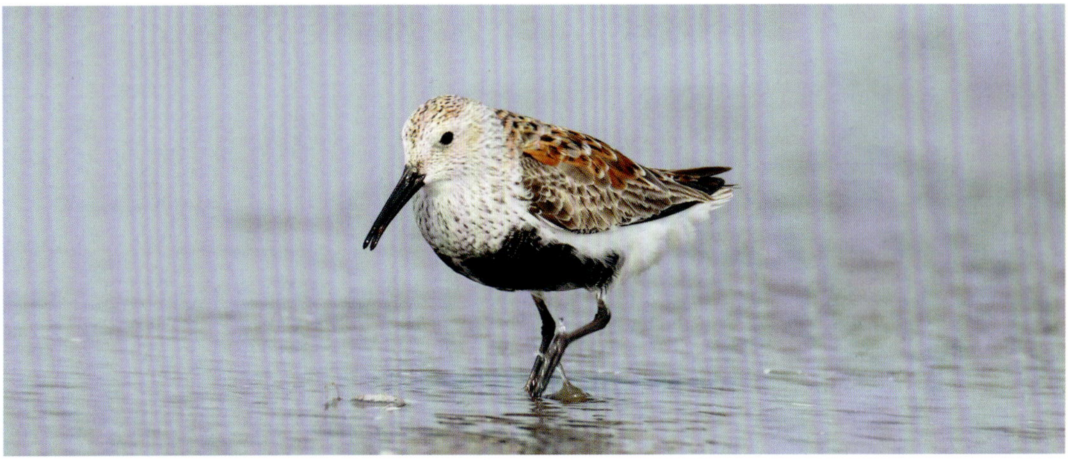

繁殖羽（薄顺奇　摄）

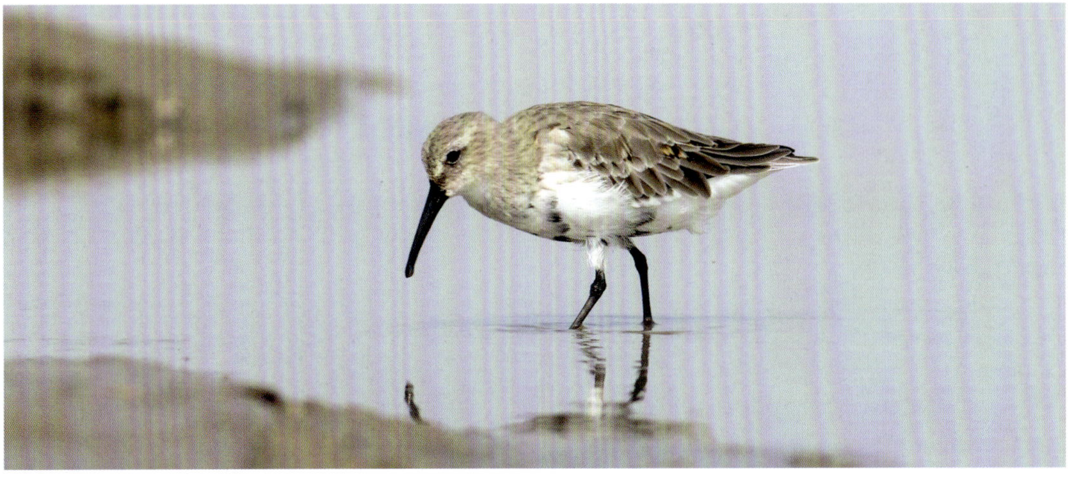

非繁殖羽（董文晓　摄）

71 流苏鹬 *Philomachus pugnax*

形态特征　体长 28~29cm 的小型涉禽。头小，腿长，嘴短。雌雄非繁殖羽相近：头顶至后颈灰白色，杂以暗褐色斑纹；上体黑褐色具浅色羽缘，腰和尾上覆羽两侧白色；两翼黑褐色，具白色翼线；下体白色，前颈、胸和两胁具灰褐色斑。雄鸟繁殖羽通常具发达而多

非繁殖羽（赵凯 摄）

彩的耳羽和胸前饰羽，色彩丰富而多变。过渡羽头、胸以及上体多红褐色。虹膜暗褐色；嘴黑色；胫、跗蹠及趾橘黄色。

生态习性　栖息于河流、湖泊岸边浅水处。多集群活动，涉水觅食，主要以软体动物、甲壳动物等无脊椎动物为食，兼食少量植物性食物。

物种分布　安徽迁徙季节见于沿江平原、江淮丘陵地区的湿地。旅鸟，每年春季 4 月上中旬，秋季 9 月下旬至 11 月上旬途经安徽。

保护级别　国家"三有"保护动物。

繁殖羽（孔德茂 摄）

繁殖羽（孔德茂 摄）

72 普通燕鸻 *Glareola maldivarum*

形态特征 体长22～24cm的小型涉禽。雌雄羽色相似。成鸟繁殖羽：皮黄，缘以黑色环带；上体茶褐色，尾上覆羽白色；飞羽黑褐色，翼收拢时达尾端；尾略呈叉形，基部白色而端部黑褐色；胸部灰褐色，腹以下白色，腋羽及翼下覆羽栗红色。成鸟非繁殖羽：喉灰褐

雌鸟（赵凯 摄）

色，外缘黑色环带不明显。虹膜暗褐色；嘴黑色，嘴角红色；胫、跗蹠和趾黑褐色。幼鸟头及上体黑灰色，散布白色斑点。

生态习性 栖息于开阔平原地区的湖泊、河流、沼泽等湿地，以及农田、湿草地。喜成群活动。主要以无脊椎动物和小型脊椎动物为食。

物种分布 安徽分布于沿江平原、江淮丘陵以及淮北平原。旅鸟，沿江沿淮均可见数十只规模的繁殖种群。每年春季4月中旬至5月中旬，秋季8月上旬至9月初途经安徽。

保护级别 国家"三有"保护动物。

雄鸟（赵凯 摄）

⁷³ 红嘴鸥 *Larus ridibundus*

形态特征 体长37~41cm的中小型水鸟。雌雄羽色相似。成鸟繁殖羽：头、颈上部深巧克力色，眼周具新月形白斑；下背、腰和翼上覆羽浅灰色，上体余部白色；最外侧数枚飞羽白色，外缘黑色或具黑色端斑，其余飞羽与翼覆羽同色。成鸟非繁殖羽：头灰白色，眼先和耳区具黑褐色斑。虹膜暗褐色，后缘具白色斑；嘴红色，冬季先端近黑色；胫、跗蹠及趾红色。幼鸟似成鸟非繁殖羽，但上体具褐色斑纹，翼后缘和尾后缘均具黑褐色横带，翼前缘白色。

亚成鸟（赵凯 摄）

生态习性 栖息于开阔的河流、湖泊、库塘以及城市公园的湖泊。集群活动。主要以鱼、虾、甲壳类、软体动物等水生动物为食。

物种分布 安徽分布于沿江平原、江淮丘陵以及沿淮湿地。冬候鸟，除繁殖期外（4~6月），其他月份均可见。

保护级别 国家"三有"保护动物；中日候鸟保护协定物种。

成鸟繁殖羽（陈军 摄）

成鸟非繁殖羽（赵凯 摄）

74 黑嘴鸥 *Larus saundersi*

形态特征　体长 31～37cm 的中小型水鸟。非繁殖羽：似红嘴鸥，但嘴黑色，头顶与后枕具较淡的黑色斑纹，耳区具黑色点状斑。雌雄羽色相似。成鸟繁殖羽：头和上颈黑色，眼周具新月形白斑。虹膜黑色；嘴黑色；胫、跗蹠及趾红色。幼鸟似成鸟非繁殖羽，但上体和翼覆羽具褐色斑纹，尾末端具黑褐色横带。

生态习性　栖息于沿海滩涂，内陆开阔的湖泊、河流。常成小群活动。主要以鱼类、甲壳类等动物为食。

物种分布　安徽迁徙季节偶见于沿江平原、江淮地区的湖泊、河流湿地。旅鸟，春季 3 月中下旬，秋季 9 月中下旬途经安徽。

保护级别　国家一级；IUCN 易危（VU）。

繁殖羽（赵凯 摄）

非繁殖羽（赵凯 摄）

⑦⑤ 西伯利亚银鸥 *Larus smithsonianus*

形态特征 体长59~67cm。雌雄羽色相似。成鸟繁殖羽：头、颈、上背以及下体白色，下背、肩以及翼上覆羽蓝灰色，尾上覆羽和尾羽白色；外侧初级飞羽黑色并具白色尖端，翼合拢时可见5个大小相近的白色羽尖。成鸟非繁殖羽：头、颈背密布褐色细纹。虹膜黄色；嘴黄色，下嘴近端部具红色点斑；胫、跗蹠及趾粉红色。幼鸟上体暗褐色具浅色羽缘或斑点，嘴黑色，尾黑褐色。随着年龄的增长，背部灰色增多，头、颈以及下体白色逐渐增多，嘴逐渐变黄。

亚成鸟（赵凯 摄）

生态习性 栖息于沿海以及内陆开阔的河流、湖泊等水域。多集小群活动。主要以鱼类和湿地附近的鼠类为食。

物种分布 安庆沿江湖泊、长江及花亭湖常见。冬候鸟。

保护级别 国家"三有"保护物种。

成鸟（赵凯 摄）

76 小黑背银鸥 *Larus fuscus*

形态特征　似西伯利亚银鸥。但成鸟上体深灰色，羽色明显更深；胫、跗蹠及趾黄色；非繁殖羽头顶具灰褐色细纹，颈背及颈侧具明显的灰褐色斑纹。

亚成鸟（薄顺奇 摄）

生态习性　栖息于沿海以及内陆开阔的河流、湖泊等水域。多集小群活动。主要以鱼类和湿地附近的鼠类为食。

物种分布　偶见于安庆沿江湖泊。冬候鸟。

保护级别　国家"三有"保护物种。

成鸟（薄顺奇 摄）

(77) 红嘴巨燕鸥 *Hydroprogne caspia*

形态特征 体长50～55cm的中等水鸟。雌雄羽色相似。嘴红色粗大，尾羽叉状。成鸟繁殖羽：头顶黑色，背、肩以及两翼大部分银灰色；初级飞羽黑灰色，羽轴白色；其余体羽白色。成鸟非繁殖羽：头顶白色杂以黑色斑纹。幼鸟似成鸟非繁殖羽，但上体和翼上覆羽具褐色斑纹，尾具褐色次端斑。虹膜暗褐色；嘴鲜红色，粗长而直；跗蹠及趾黑色。

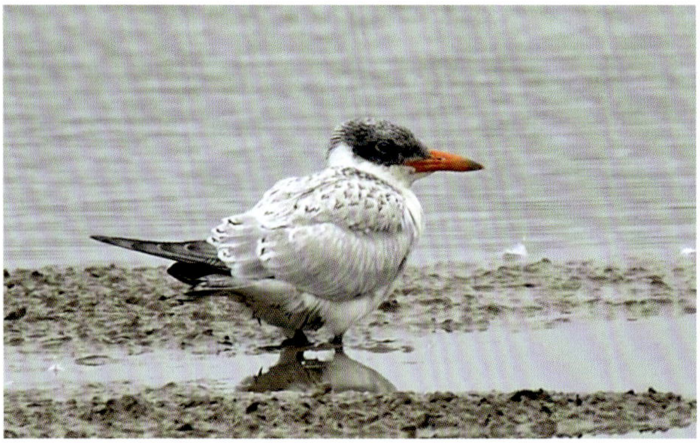
亚成鸟（胡云程 摄）

生态习性 栖息于河流、湖泊等开阔水域。常成小群在水域上空飞翔。主要以鱼、虾等动物为食。

物种分布 安徽迁徙季节见于沿江平原、江淮丘陵地区的河流、湖泊等湿地。旅鸟，秋季11月中下旬途经安徽，春季尚未有记录。

保护级别 国家“三有”保护动物。

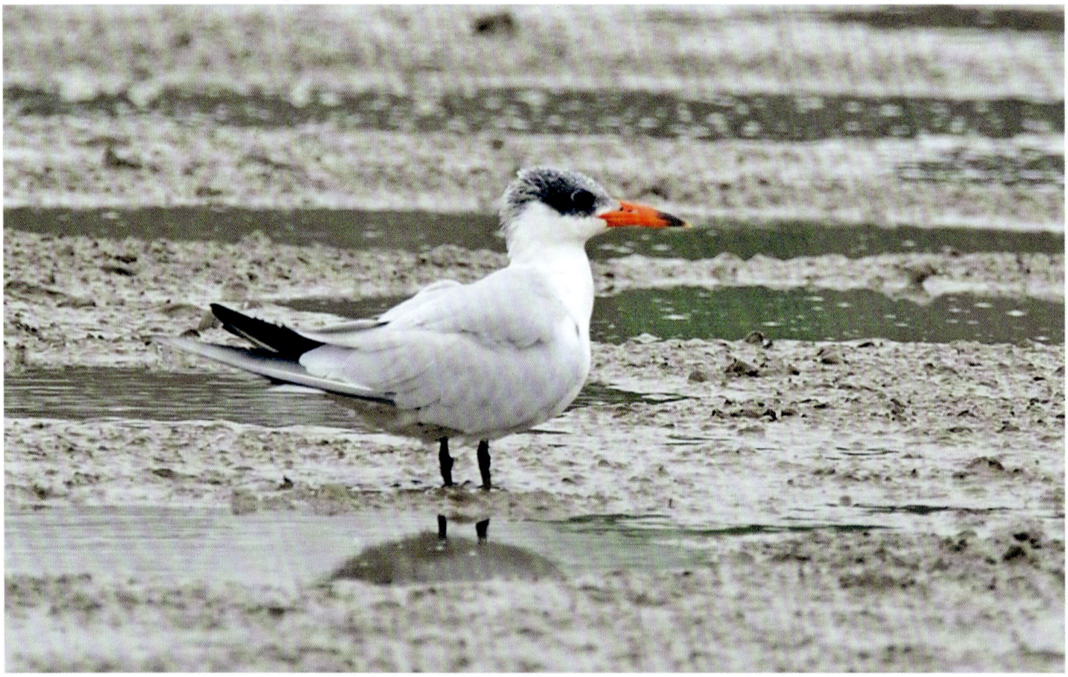
成鸟（胡云程 摄）

78 白额燕鸥 *Sterna albifrons*

形态特征　体长 21～25cm 的小型水鸟。雌雄羽色相似。成鸟繁殖羽：嘴黄色，尖端黑色；头顶至后颈黑色，前额白色；上体及两翼多灰色，外侧飞羽黑褐色，尾上覆羽和尾羽白色，最外侧尾羽延长；其余体羽纯白色。成鸟非繁殖羽：嘴黑色，头顶黑色变浅杂以白纹。幼鸟似成鸟非繁殖羽，但上体及翼上覆羽具褐色斑纹。虹膜褐色；胫、跗蹠及趾繁殖期橙红色，冬季暗红色。

生态习性　栖息于湖泊、河流、库塘、沼泽等湿地。成对或小群活动。主要以鱼、虾等水生动物为食。

物种分布　安徽常见于沿江、江淮丘陵以及沿淮湿地。旅鸟，每年春季 4 月中下旬，秋季 9 月中下旬途经安徽。

保护级别　国家"三有"保护动物。

飞行（赵凯 摄）

繁殖羽（赵凯 摄）

79 普通燕鸥 *Sterna hirundo*

形态特征　体长 32～37cm 的小型水鸟。尾呈深叉形，翼收拢时过尾尖。雌雄羽色相似。成鸟繁殖羽：嘴基部红色，端部黑色；头顶至后颈黑色，上体以及两翼灰色；初级飞羽先端黑灰色，次级飞羽后缘白色；头侧、颈侧、须、喉以及尾上覆羽白色，胸、腹浅灰褐色。成鸟非繁殖羽：嘴黑色，额白色，头顶黑色杂以白纹，后颈黑色；外侧尾羽羽缘黑褐色。幼鸟似成鸟非繁殖羽，但上体具褐色斑纹。虹膜暗褐色；胫、跗蹠及趾暗红色。

繁殖羽（赵凯 摄）

生态习性　栖息于河流、湖泊等开阔水域。常成小群在水域上空飞翔。主要以鱼、虾等动物为食。

物种分布　安徽迁徙季节见于沿江平原、江淮丘陵地区的河流、湖泊等湿地。旅鸟，每年春季 4 月下旬，秋季 9 月中旬途经安徽。

保护级别　国家"三有"保护动物。

非繁殖羽（赵凯 摄）

(80) 灰翅浮鸥 *Chlidonias hybrida*

形态特征 体长28～29cm的小型水鸟。雌雄羽色相似。成鸟繁殖羽：头顶至后颈黑色，上体以及两翼大部灰色；最外侧飞羽黑褐色，尾羽灰白色，浅叉状；头侧眼以下、须、喉以及尾下覆羽白色，下体余部黑色；腋羽和翼下覆羽灰白色。成鸟非繁殖羽：额白色，头顶黑白相杂，枕至后颈黑色，下体白色。幼鸟似成鸟非繁殖羽，但上体具棕褐色斑纹。虹膜暗褐色；嘴夏季红色，冬季黑色；胫、跗蹠及趾红色。

生态习性 栖息于开阔的湖泊、库塘、沼泽等湿地。多集群活动。主要以鱼、虾、昆虫等动物为食。繁殖期为5～7月，于浮叶植物上营巢。

物种分布 安徽分布于沿江平原、江淮丘陵以及沿淮湿地。夏候鸟，安徽最常见的鸥类。

保护级别 国家“三有”保护动物。

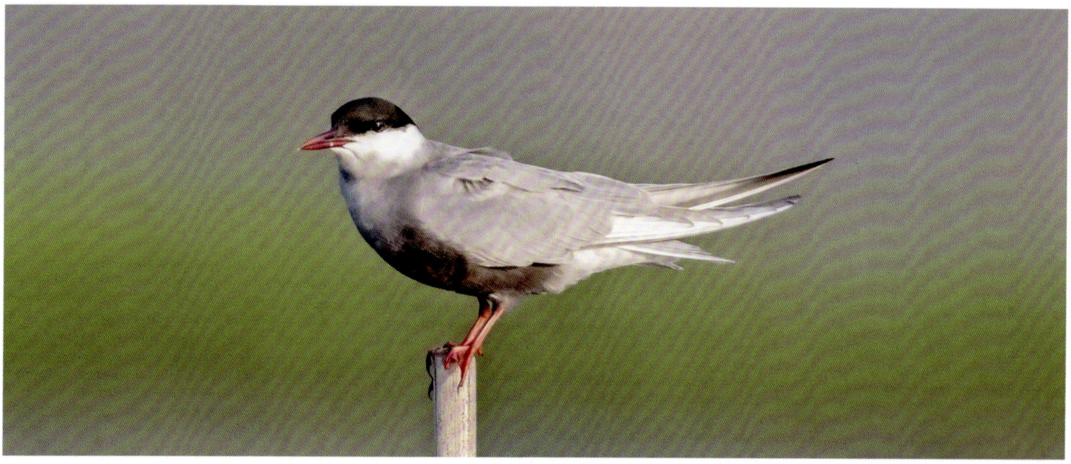

繁殖羽（赵凯 摄）

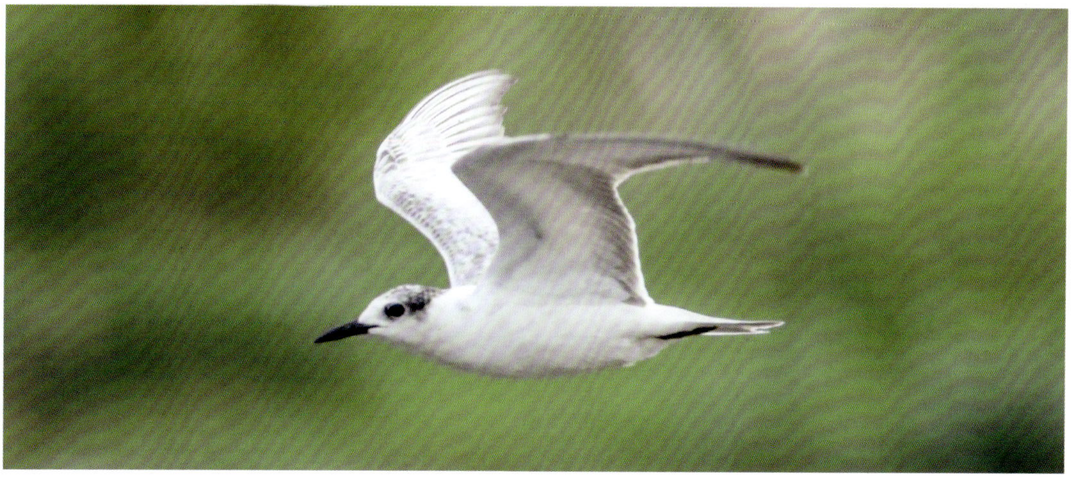

非繁殖羽（赵凯 摄）

81 **白翅浮鸥** *Chlidonias leucopterus*

形态特征 体长 20～27cm 的小型水鸟。雌雄羽色相似。成鸟繁殖羽：头、颈、体羽大部分以及腋羽和翼下覆羽黑色，尾羽以及尾上和尾下覆羽白色；初级飞羽黑褐色，小覆羽白色，两翼余部灰色。成鸟非繁殖羽：额白色，头后及眼后黑色，颈基部白色无斑，下体白色。幼鸟似成鸟非繁殖羽，但上体及翼上覆羽多褐色。虹膜黑色；嘴黑色；胫、跗蹠及趾红色。

生态习性 栖息于河流、湖泊等湿地。多小群活动，喜在水面上方低空飞行。主要以鱼、虾等水生动物为食。

物种分布 安徽迁徙季节除大别山区外，其他地区均有分布记录。旅鸟，每年春季 4 月下旬至 5 月中旬，秋季 8 月下旬途经安徽。

保护级别 国家"三有"保护动物。

繁殖羽（赵凯 摄）

非繁殖羽（赵凯 摄）

(82) 黑鹳 *Ciconia nigra*

形态特征 体长100～120cm的大型涉禽。雌雄羽色相似。成鸟头、颈、胸以及上体各部黑色，具多种金属光泽，胸以下白色；腋羽白色，翼下覆羽黑色。虹膜褐色；眼周裸皮、嘴、胫、跗蹠及趾均为红色。幼鸟头、颈和上胸棕褐色，上体暗褐色，胸以下白色，嘴暗红色。

生态习性 冬季主要栖息于开阔的湖泊、河岸和沼泽地。多单独或成小群活动。主要以鱼、蛙、蜥蜴以及昆虫等动物为食。

物种分布 安徽冬季主要分布于沿江湿地的安庆、贵池、东至以及青阳等地，迁徙季节见于大别山区的东淠河。皖南山地丘陵区和沿江平原区为冬候鸟，大别山区为旅鸟。每年秋季10月下旬抵达安徽，次年3月中旬离开。

保护级别 国家一级；IUCN易危(VU)。

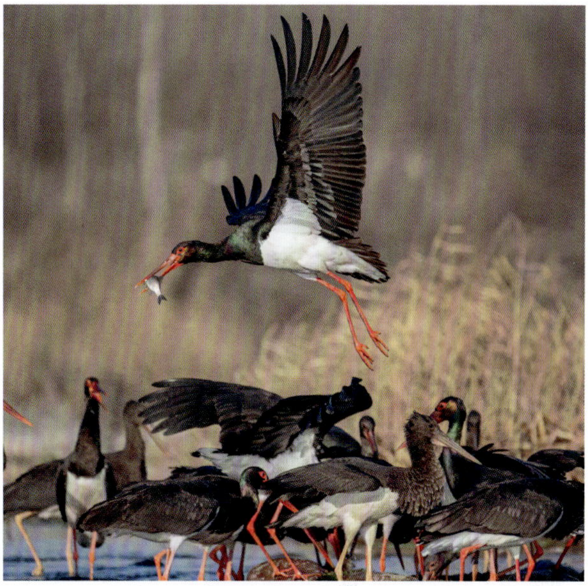

集群（胡云程 摄）

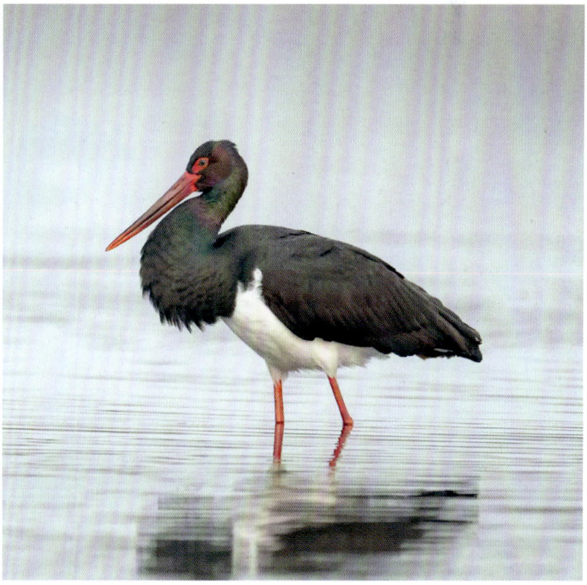

成鸟（胡云程 摄）

(83) 东方白鹳 *Ciconia boyciana*

形态特征 体长 110～130cm 的大型涉禽。雌雄羽色相似。成鸟头、颈、体羽、小覆羽和中覆羽以及腋羽和翼下覆羽白色，前颈具披针状饰羽；飞羽和大覆羽黑色且具金属光泽，但内侧初级飞羽和次级飞羽外灰白色。虹膜白色；嘴黑色粗壮；胫、跗蹠及趾红色。

生态习性 栖息于开阔的湖泊、河滩、沼泽等湿地。多成对或结小群活动，站立休息时颈常缩成“S”形。主要以鱼、蛙等动物为食，兼食昆虫等其他动物。

物种分布 安徽各地均有分布记录。在沿江平原和皖南山地丘陵区为冬候鸟，其余地区为旅鸟，武昌湖、菜子湖均有少量繁殖记录。

保护级别 国家一级；IUCN 濒危（EN）。

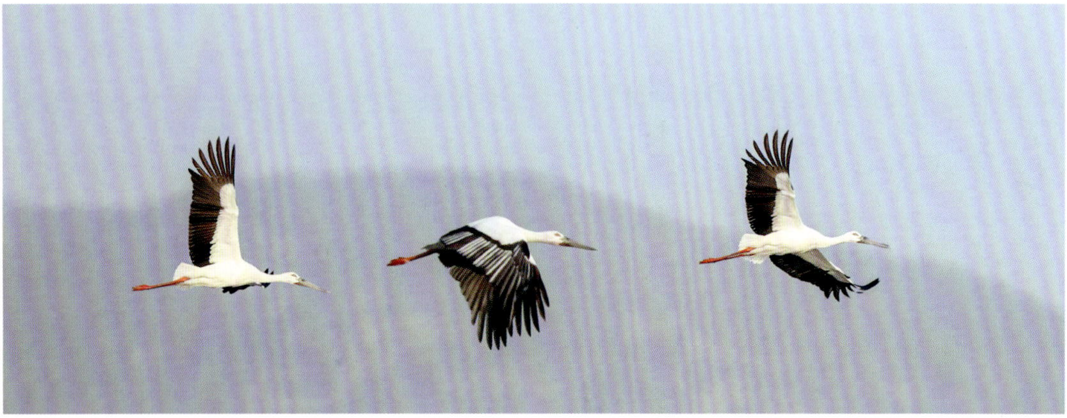

飞行（赵凯 摄）

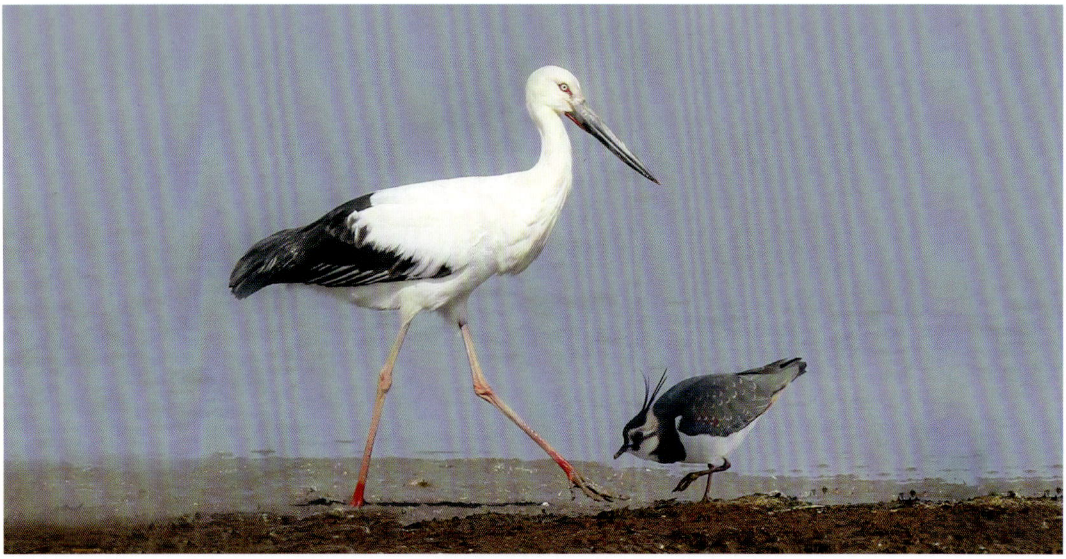

成鸟（陈军 摄）

鸬鹚科 Phalacrocoracidae

84 普通鸬鹚 *Phalacrocorax carbo*

形态特征　体长 70~90cm 的中大型游禽。雌雄体色相似。成鸟通体黑色而具紫绿色或紫铜色光泽；嘴角和喉囊黄色，下颊和喉白色。繁殖期头、颈杂有白色丝状羽，嘴角具红斑，腰部两侧具白色斑块，冬季消失。虹膜翠绿色；嘴灰褐色，端部弯曲呈钩状；跗蹠及蹼黑褐色。幼鸟上体黑褐色，下体污白色。

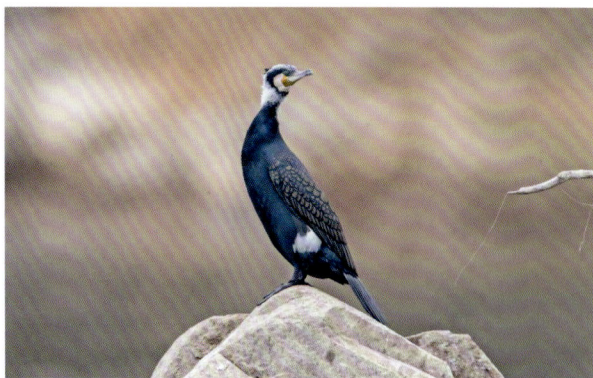
繁殖羽（赵凯 摄）

生态习性　栖息于开阔的河流、湖泊等水域。集群活动，善于潜水捕鱼，主要以鱼类为食。鸬鹚因捕鱼本领高超，自古就被人们驯养捕鱼。

物种分布　安徽各地开阔水域均有分布。冬候鸟，每年 10 月初抵达安徽，次年 3 月中下旬离开。

保护级别　国家"三有"保护动物；安徽省二级。

非繁殖羽（赵凯 摄）

鹮科 Threskiornithidae

85 白琵鹭 *Platalea leucorodia*

形态特征 体长 70~90cm 的大型涉禽。雌雄羽色相似。成鸟通体白色，眼与上嘴基部有黑色细纹相连，颏、喉裸皮黄色。繁殖期枕部具橙黄色丝状冠羽，前颈具橙黄色颈环，冬季羽冠和橙黄色颈环均消失。虹膜暗红色；嘴黑色上下扁平，端部黄色且扩大，形如琵琶；胫、跗蹠及趾黑色。幼鸟通体白色，飞羽具黑褐色羽轴，最外侧飞羽具黑褐色条纹或端斑。

非繁殖羽（夏家振 摄）

生态习性 栖息于河流、湖泊、水库的浅水区以及开阔的沼泽地。多成小群活动，极少单独活动，休息时常呈"一"字形散开。主要以鱼、虾、蟹、昆虫等动物为食。

物种分布 安徽分布于沿江平原、江淮丘陵以及淮河沿岸湿地。在沿江平原为冬候鸟，在江淮丘陵和淮北平原为旅鸟。每年 10 月上旬到达安徽，次年 3 月下旬离开。

保护级别 国家二级；IUCN 近危（NT）。

非繁殖羽（赵凯 摄）

86 黑脸琵鹭 *Platalea minor*

形态特征 体长 70～80cm 的大型涉禽。通体白色，似白琵鹭，但眼先、眼周以及颊的裸出部分均为黑色；嘴上下扁平，端部扩大呈琵琶状，但端部亦为黑色而非黄色。

非繁殖羽（董文晓 摄）

生态习性 栖息于河流、湖泊、水库的浅水区以及开阔的沼泽地。喜集群或与白琵鹭等其他鹭类混群。主要以鱼、虾、蟹、昆虫等动物为食。

物种分布 安徽偶见于沿江湿地，与白琵鹭混群。

保护级别 国家一级；IUCN 濒危（EN）。

繁殖羽（汪湜 摄）

87 大麻鳽 *Botaurus stellaris*

形态特征 体长约 70cm 的中大型涉禽。雌雄羽色相似。头顶、眼先以及颊纹黑褐色，颊和耳羽黄褐色，后颈、颈侧、上体各部以及翼覆羽黄褐色，密杂以黑褐色斑纹；飞羽、初级覆羽红褐色，具黑褐色横斑；下体皮黄色，具褐色斑纹。虹膜黄色；嘴黄绿色，嘴峰黑褐色；胫、跗蹠及趾黄绿色。

生态习性 栖息于山地、丘陵和平原地区的河流、湖泊、池塘边的芦苇丛、草丛和灌丛中。多单独或成对活动，受惊时常头、颈向上伸直，体色和斑纹与周围枯草、芦苇融为一体，不易被发现。主要以鱼、虾、蛙、水生昆虫等动物为食。

物种分布 安徽各地均有分布。冬候鸟，在淮北平原为旅鸟。每年秋季 10 月下旬抵达安徽，次年 3 月中下旬迁往北方繁殖。

保护级别 国家"三有"保护动物；安徽省二级。

成鸟（赵凯 摄）

88 黄斑苇鳱 *Ixobrychus sinensis*

形态特征 体长约 30~40cm 的小型涉禽。雄鸟头顶及冠羽黑色，背、肩及翼上覆羽栗褐色，腰至尾上覆羽灰褐色，飞羽和尾羽黑色；雌鸟似雄鸟，但头栗褐色具黑色纵纹，下体皮黄，具黄褐色纵纹。虹膜黄色；嘴黄褐色但嘴峰黑褐色；胫、跗蹠及趾黄绿色。幼鸟上体黄褐色，具黑褐色纵纹；下体黄白色，具褐色纵纹。

雌鸟（赵凯 摄）

生态习性 栖息于富有挺水植物的河流、湖泊、池塘以及沼泽地，常见于芦苇丛中。多单独或成对活动，性机警。主要以鱼、蛙等水生生物为食。繁殖期 5~7 月，营巢于芦苇丛和蒲草丛中。

物种分布 安徽各地均有分布。夏候鸟，每年春季 4 月中旬抵达安徽，秋季 10 月中下旬南迁。

保护级别 国家"三有"保护动物；安徽省二级。

雄鸟（赵凯 摄）

89 栗苇鳽 *lxobrychus cinnamomeus*

形态特征 体长 30～40cm 的中小型涉禽。雌雄异色。雄鸟头、上体以及翼羽栗红色，颈侧具白斑；下体浅黄褐色，喉至胸中央具黑褐色带纹。雌鸟头及上体暗栗色，杂以细小的浅棕色斑点；下体土黄色，自喉至胸具数条黑褐色纵纹。虹膜黄色，瞳孔后缘与虹膜相

雄鸟（夏家振 摄）

连；嘴黄色；胫、跗蹠及趾黄绿色。幼鸟似雌鸟，但上体黑褐色，羽缘皮黄色。

生态习性 栖息于溪流、湖泊、池塘的芦苇及水草丛中。性机警，多晨昏于芦苇丛或草丛中活动。主要以鱼、蛙、昆虫等动物为食。繁殖期 4～7 月，营巢于草丛或芦苇丛中。

物种分布 安徽各地均有分布，但不如黄斑苇鳽常见。夏候鸟，春季 4 月中旬抵达安徽，10 月中旬南迁。

保护级别 国家"三有"保护动物。

左雄右雌（夏家振 摄）

⑨⓪ **黑苇鳱** *Ixobrychus flavicollis*

形态特征 体长 50~60cm 的中等涉禽。雄鸟头、上体以及翼羽黑色，具蓝色金属光泽；颈侧橙黄色，前颈至胸暗栗色，杂以白色条纹；胸以下黑褐色。雌鸟似雄鸟，但上体褐色且少金属光泽。虹膜红褐色；嘴暗红褐色，嘴峰黑褐色；胫、跗蹠及趾暗褐色，繁殖期暗红色。幼鸟似成鸟，但上体和翼羽具浅色羽缘，构成鳞状斑纹。

飞行（夏家振 摄）

生态习性 栖息于湖泊、池塘、稻田，沼泽等水生植物茂密的湿地。多于晨昏单独或成对活动。主要以鱼、虾、昆虫等动物为食。繁殖期 5~7 月，营巢于芦苇或灌丛。

物种分布 安徽各地均有分布。在淮北平原为旅鸟，其余地区为夏候鸟。春季 4 月中旬抵达安徽，10 月中旬南迁。

保护级别 国家"三有"保护动物；安徽省二级。

成鸟（汪湜 摄）

91 夜鹭 *Nycticorax nycticorax*

形态特征 体长 50~60cm 的中等涉禽。雌雄羽色相似。成鸟额基部、眉纹以及丝状冠羽白色；头及上体绿黑色，翼灰色，下体白色。虹膜红色；嘴黑色；胫、跗蹠及趾黄色，繁殖期红色。幼鸟上体和翼上覆羽暗褐色，具皮黄色或白色点状斑纹；下体白色，具暗褐色纵纹。虹膜橙黄色；嘴黑色，下嘴基部黄绿色；脚黄绿色。

亚成鸟（赵凯 摄）

生态习性 栖息于山溪、河流、湖泊、池塘等水域附近。常集小群活动或单独长时间伫立于水边伺机捕鱼。主要以鱼、蛙等水生动物为食。繁殖期 4~7 月，常与其他鹭类混群，营巢于枝叶茂密的树权上。

物种分布 安徽各地均有分布。夏候鸟，部分留鸟。春季 3 月上中旬抵达安徽，秋季 11 月中下旬南迁，少数迟至 12 月中下旬离开安徽。

保护级别 国家"三有"保护动物。

繁殖羽（赵凯 摄）

非繁殖羽（赵凯 摄）

92 绿鹭 *Butorides striata*

形态特征　体长 35～50cm 的中小型涉禽。雌雄羽色相似。成鸟眼先黄绿色，头及冠羽绿黑色，嘴角有一黑色条纹；背和肩具蓝灰色披针形矛状羽，翼上覆羽，具狭窄的黄白色羽缘，构成本种特征性的网状斑纹；颈侧和体侧灰色，下体中央白色。虹膜黄色；嘴黑色；

亚成鸟（赵凯 摄）

胫、跗蹠和趾黄绿色。幼鸟上体暗褐色，翼上覆羽羽端具白色斑点；下体皮黄色，胸具黑褐色纵纹。

生态习性　栖息于山溪、河流、湖泊、池塘等水域岸边。性孤独，多单独活动。主要以鱼、虾等水生动物以及昆虫为食。繁殖期 4～6 月，营巢于枝叶茂密的乔木树杈或灌木上。

物种分布　安徽各地均有分布，但不如其他鹭类常见。夏候鸟，每年春季 4 月中旬抵达安徽，秋季 10 月初南迁。

保护级别　国家"三有"保护动物；安徽省二级。

繁殖羽（胡云程 摄）

非繁殖羽（汪湜摄）

93 池鹭 *Ardeola bacchus*

形态特征　体长约47cm的中等涉禽。雌雄羽色相似。成鸟翼羽、尾羽以及腹以下白色。成鸟繁殖羽：眼周和眼先黄绿色，嘴基浅蓝色，中间黄色而端黑色；胫、跗蹠和趾暗红色至黄色；头、颈和前胸深栗色；上体蓝黑色，羽毛呈披针状蓑羽。成鸟非繁殖羽：上体暗褐色，头、颈和胸皮黄色密具褐色纵纹。虹膜黄色，上嘴黑褐色，下嘴基部黄绿色；胫、趾黄绿色。幼鸟似成鸟非繁殖羽。

繁殖羽（赵凯 摄）

生态习性　栖息于多水草的河流、湖泊、池塘以及稻田等湿地。多单独活动。主要以鱼、虾、蛙以及昆虫等小型动物为食。繁殖期4~7月，常与其他鹭类混群，营巢于近水乔木的树杈上。

物种分布　安徽各地均有分布。夏候鸟，每年春季4月初抵达安徽，秋季10月中旬南迁。

保护级别　国家"三有"保护动物。

非繁殖羽（赵凯 摄）

94 牛背鹭 *Bubulcus ibis*

形态特征 体长45~55cm的中等涉禽。雌雄羽色相似。嘴和颈明显较其他鹭类粗短。成鸟繁殖羽：嘴、脚红色，头、颈和胸橙黄色，背和胸具橙黄色丝状长形饰羽。成鸟非繁殖羽：通体白色，少数个体头部微缀黄色。虹膜黄色；嘴黄色；胫、跗蹠及趾黑色。

繁殖羽（赵凯 摄）

生态习性 栖息于近水草地、耕地、农田、沼泽地等干湿区域。喜与牛为伴，常见在牛背上觅食，主要以昆虫为食，兼食鱼、虾等动物。繁殖期4~7月，常与其他鹭类混群，营巢于近水树林等乔木的树杈上。

物种分布 安徽各地均有分布。夏候鸟，每年春季4月初抵达安徽，秋季10月中旬南迁。

保护级别 国家"三有"保护动物。

非繁殖羽（赵凯 摄）

95 苍鹭 *Ardea cinerea*

形态特征　体长 75～110cm 的大型涉禽。雌雄羽色相似。成鸟头、颈白色，头顶两侧及辫状冠羽黑色；上体苍灰色，飞羽黑褐色；前颈具数列纵行黑斑，体侧自前胸至眼周具黑色带纹；两胁和翼下覆羽蓝灰色。虹膜黄色；嘴橙黄色，冬季上嘴黑褐色；胫、跗蹠及趾红褐色，冬季暗褐色。幼鸟头及上体灰褐色而少黑色。

生态习性　栖息于河流、湖泊的浅滩、水田、沼泽等湿地。春夏多单独或成对涉水觅食，或长时间静立水边伺机捕猎，冬季集群。飞行时颈缩成"S"形，两脚向后伸直。主要以鱼、虾、蛙等动物为食。繁殖期 4～6 月，营巢于杉木林等处。

物种分布　安徽各地均有分布。冬候鸟，部分留鸟。

保护级别　国家"三有"保护动物；安徽省二级。

成鸟（赵凯 摄）

亚成鸟（赵凯 摄）

96 草鹭 *Ardea purpurea*

形态特征 体长 75~100cm 的大型涉禽。雌雄羽色相似。成鸟额、头顶至背黑色，枕具灰黑色辫状冠羽；颈棕褐色，颈侧具黑色带纹；上体及翼上覆羽灰褐色，飞羽和尾羽黑褐色；下体胸以下黑色，翼下覆羽红棕色；肩和前颈基部具灰白色矛状长羽。虹膜黄色；上嘴褐色、下嘴黄色；胫、跗蹠及趾黄褐色。幼鸟体多棕褐色，颈侧黑色纵纹不明显。

亚成鸟（赵凯 摄）

生态习性 栖息于水草丰盛的湖泊、河流、库塘的浅水区域，或沼泽湿地。常 3~5 只小群活动，飞行时颈缩成"S"形，两脚向后伸直。主要以鱼、虾、蛙等水生动物为食。

物种分布 安徽迁徙季节见于沿江、江淮丘陵以及沿淮的湖泊、沼泽等湿地。旅鸟，每年春季 3 月下旬至 5 月下旬，秋季 8 月下旬至 10 月中旬途经安徽。

保护级别 国家"三有"保护动物；安徽省二级。

成鸟（赵凯 摄）

97 大白鹭 *Ardea alba*

形态特征 体长约100cm的大型涉禽。雌雄羽色相似。成鸟通体白色，颈部"S"形扭结明显，嘴裂超过眼睛后缘。繁殖期嘴黑色，眼先蔚蓝色，胫、趾暗红色；背部具白色长蓑羽，超过尾部。非繁殖期背部蓑羽消失，嘴黄色，眼先和嘴黄色至黄绿色，胫、跗蹠及趾黑色。虹膜浅黄色。

繁殖羽（赵凯 摄）

生态习性 栖息于河流、湖泊、库塘等水域的浅水区。单独或成小群活动，颈常弯曲成"S"形，飞行时腿向后伸直。主要以鱼、蛙、甲壳动物等为食。繁殖期4～7月，营巢于高大乔木的树权上。

物种分布 安徽分布于沿江平原、江淮丘陵以及淮北平原。冬候鸟，少数留鸟。

保护级别 国家"三有"保护动物；安徽省二级。

非繁殖羽（赵凯 摄）

98 中白鹭 *Ardea intermedia*

形态特征　体长约 70cm 的中大型涉禽。似大白鹭，通体白色，但体型较小，嘴裂不过眼后缘。繁殖期嘴黑色，眼先黄色，背和胸均具丝状蓑羽。非繁殖期背和胸部饰羽消失，嘴黄色而端部黑褐色。虹膜浅黄色；胫、跗蹠及趾黑色。

生态习性　栖息于河流、湖泊的浅水区域，以及沼泽、稻田等湿地。单独或成小群活动，飞行时颈部缩成"S"形，腿向后伸直，超过尾端。主要以鱼、虾以及昆虫为食。繁殖期 4~6 月，常与其他鹭类混群，营巢于杉树等乔木树杈上。

物种分布　安徽分布于沿江平原、江淮丘陵以及淮北平原。夏候鸟，春季 4 月初抵达安徽，秋季 10 月中下旬南迁。

保护级别　国家"三有"保护动物；安徽省二级。

繁殖羽（赵凯　摄）

非繁殖羽（赵凯　摄）

99 白鹭 *Egretta garzetta*

形态特征 体长45～65cm的中等涉禽。雌雄相似。通体白色，明显较大白鹭和中白鹭小。虹膜浅黄色；嘴黑色；胫、跗蹠亦为黑色，但爪黄色。繁殖期眼先粉红色，后头具2根辫状冠羽，背和上胸具蓬松的蓑羽。非繁殖期眼先黄绿色，所有饰羽均消失。

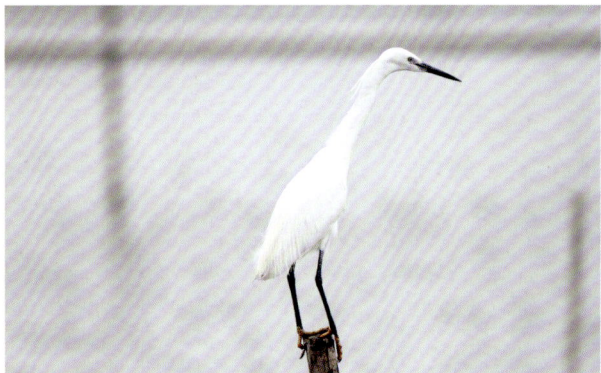

繁殖羽（赵凯 摄）

生态习性 栖息于河流、湖泊、库塘沿岸，以及稻田、沼泽等浅水湿地。单独或集群活动，飞行姿态同其他鹭类，颈部缩成"S"形，腿向后伸直超出尾端。主要以鱼、虾以及昆虫为食。繁殖期4～6月，常与其他鹭类混群，营巢于杉树等乔木的树杈上。

物种分布 安徽各地广泛分布。留鸟。

保护级别 国家"三有"保护动物。

非繁殖羽（赵凯 摄）

卷羽鹈鹕 *Pelecanus crispus*

形态特征 体长 160～180cm。通体灰白色，似白鹈鹕，但体型更大。颈背具卷曲冠羽，额基部羽毛内凹呈月牙形，飞行时翼下黑色部分较少，仅限于飞羽端部。虹膜浅黄色；上嘴铅灰色，端部黄色且弯曲呈钩状，下嘴和喉囊橙红色；跗蹠及蹼黑褐色。与白鹈鹕区别在于眼周裸皮非粉红色，颈背具卷曲羽簇，仅初级飞羽黑色且基部具白色羽轴。

亚成鸟（董文晓 摄）

生态习性 栖息于淡水湖泊、沼泽、河口等湿地。在我国新疆北部有少量繁殖，在东南沿海地区越冬，内蒙古东部至沿江一线以东为其迁徙路线。多集群活动。主要以鱼类、软体类、甲壳类等水生动物为食。

物种分布 安徽位于卷羽鹈鹕的迁徙路线西缘，南北各地偶见分布。

保护级别 国家一级；IUCN 濒危（EN）。

成鸟（董文晓 摄）

附录1　安徽省湿地水鸟名录

序号	目名	科名	中文名	学名	居留型	风险等级
1			鸿雁	*Anser cygnoides*	W	高
2			豆雁	*Anser fabalis*	W	高
3			短嘴豆雁	*Anser serrirostris*	W	高
4			灰雁	*Anser anser*	W	高
5			白额雁	*Anser albifrons*	W	高
6			小白额雁	*Anser erythropus*	W	高
7			斑头雁	*Anser indicus*	V	中
8			雪雁	*Anser caerulescens*	V	中
9			黑雁	*Branta bernicla*	V	中
10			疣鼻天鹅	*Cygnus olor*	V	中
11			小天鹅	*Cygnus columbianus*	W	高
12			大天鹅	*Cygnus cygnus*	V	中
13			赤麻鸭	*Tadorna ferruginea*	W	高
14			翘鼻麻鸭	*Tadorna tadorna*	W	高
15	雁形目 ANSERIFORMES	鸭科 Anatidae	棉凫	*Nettapus coromandelianus*	S	中低
16			鸳鸯	*Aix galericulata*	W	高
17			赤颈鸭	*Anas penelope*	W	高
18			罗纹鸭	*Anas falcata*	W	高
19			赤膀鸭	*Anas strepera*	W	高
20			花脸鸭	*Anas formosa*	W	高
21			绿翅鸭	*Anas crecca*	W	高
22			绿头鸭	*Anas platyrhynchos*	W	高
23			斑嘴鸭	*Anas poecilorhyncha*	R	高
24			针尾鸭	*Anas acuta*	W	高
25			白眉鸭	*Anas querquedula*	W	中高
26			琵嘴鸭	*Anas clypeata*	W	高
27			红头潜鸭	*Aythya ferina*	W	高
28			青头潜鸭	*Aythya baeri*	W	高
29			白眼潜鸭	*Aythya nyroca*	W	高
30			凤头潜鸭	*Aythya fuligula*	W	中高
31			斑背潜鸭	*Aythya marila*	W	中高
32			鹊鸭	*Bucephala clangula*	W	中

（续）

序号	目名	科名	中文名	学名	居留型	风险等级
33	雁形目 ANSERIFORMES	鸭科 Anatidae	斑头秋沙鸭	*Mergellus albellus*	W	中
34			普通秋沙鸭	*Mergus merganser*	W	中高
35			中华秋沙鸭	*Mergus squamatus*	W	中
36	䴙䴘目 PODICIPEDIFORMES	䴙䴘科 Podicipedidae	角䴙䴘	*Podiceps auritus*	P	中低
37			黑颈䴙䴘	*Podiceps nigricollis*	P	中低
38			小䴙䴘	*Tachybaptus ruficollis*	R	中
39			凤头䴙䴘	*Podiceps cristatus*	R	中高
40	红鹳目 PHOENICOPTERIFORMES	红鹳科 Phoenicopteridae	大红鹳	*Phoenicopterus roseus*	P	中低
41	鹤形目 GRUIFORMES	秧鸡科 Rallidae	花田鸡	*Coturnicops exquisitus*	P	中低
42			灰胸秧鸡	*Gallirallus striatus*	S	低
43			普通秧鸡	*Rallus indicus*	W	低
44			西秧鸡	*Rallus aquaticus*	W	低
45			红脚苦恶鸟	*Amaurornis akool*	R	中低
46			白胸苦恶鸟	*Amaurornis phoenicurus*	S	中低
47			小田鸡	*Porzana pusilla*	P	低
48			红胸田鸡	*Porzana fusca erythrothorax*	S	低
49			董鸡	*Gallicrex cinerea*	S	低
50			黑水鸡	*Gallinula chloropus*	R	中
51			白骨顶	*Fulica atra*	W	高
52		鹤科 Gruidae	白鹤	*Grus leucogeranus*	W	中
53			白枕鹤	*Grus vipio*	W	中
54			灰鹤	*Grus grus*	P	中
55			白头鹤	*Grus monacha*	W	中高
56			沙丘鹤	*Grus canadensis*	V	中低
57			丹顶鹤	*Grus japonensis*	W	中
58	鸻形目 CHARADRIIFORMES	鹮嘴鹬科 Ibidorhynchidae	鹮嘴鹬	*Ibidorhyncha struthersii*	V	中低
59		反嘴鹬科 Recurvirostridae	黑翅长脚鹬	*Himantopus himantopus*	P	中高
60			反嘴鹬	*Recurvirostra avosetta*	W	高
61		鸻科 Charadriidae	凤头麦鸡	*Vanellus Vanellus*	W	中高
62			灰头麦鸡	*Vanellus cinereus*	S	中
63			金鸻	*Pluvialis fulva*	P	中
64			灰鸻	*Pluvialis squatarola*	P	中高

（续）

序号	目名	科名	中文名	学名	居留型	风险等级
65		鸻科 Charadriidae	金眶鸻	*Charadrius dubius*	S	中
66			环颈鸻	*Charadrius alexandrinus*	W	中高
67			长嘴剑鸻	*Charadrius placidus*	S	中
68			铁嘴沙鸻	*Charadrius leschenaultii*	P	中
69			蒙古沙鸻	*Charadrius mongolus*	P	中
70			东方鸻	*Charadrius Veredus*	P	中
71		彩鹬科 Rostratulidae	彩鹬	*Rostratula benghalensis*	S	中
72		水雉科 Jacanidae	水雉	*Hydrophasianus chirurgus*	S	中
73	鸻形目 CHARADRIIFORMES	鹬科 Scolopacidae	丘鹬	*Scolopax rusticola*	P	中低
74			针尾沙锥	*Gallinago stenura*	P	中
75			大沙锥	*Gallinago megala*	P	中低
76			扇尾沙锥	*Gallinago gallinago*	W	中高
77			长嘴半蹼鹬	*Limnodromus scolopaceus*	P	中低
78			半蹼鹬	*Limnodromus semipalmatus*	P	中低
79			黑尾塍鹬	*Limosa limosa*	P	中
80			斑尾塍鹬	*Limosa lapponica*	P	中
81			中杓鹬	*Numenius phaeopus*	P	中
82			白腰杓鹬	*Numenius arquata*	P	中低
83			大杓鹬	*Numenius madagascariensis*	P	中低
84			鹤鹬	*Tringa erythropus*	W	高
85			红脚鹬	*Tringa totanus*	P	中低
86			泽鹬	*Tringa stagnatilis*	P	中
87			青脚鹬	*Tringa nebularia*	W	中高
88			白腰草鹬	*Tringa ochropus*	W	中
89			林鹬	*Tringa glareola*	P	中
90			翘嘴鹬	*Xenus cinereus*	P	中低
91			矶鹬	*Actitis hypoleucos*	P	中高
92			灰尾漂鹬	*Heteroscelus brevipes*	P	中低
93			翻石鹬	*Arenaria interpres*	P	中
94			大滨鹬	*Calidris tenuirostris*	P	中
95			红腹滨鹬	*Calidris canutus*	P	中

（续）

序号	目名	科名	中文名	学名	居留型	风险等级
96	鸻形目 CHARADRIIFORMES	鹬科 Scolopacidae	三趾滨鹬	*Calidris alba*	P	中
97			红颈滨鹬	*Calidris ruficollis*	P	中
98			青脚滨鹬	*Calidris temminckii*	P	中低
99			长趾滨鹬	*Calidris subminuta*	P	中
100			斑胸滨鹬	*Calidris melanotos*	P	中
101			尖尾滨鹬	*Calidris acuminata*	P	中
102			弯嘴滨鹬	*Calidris ferruginea*	P	中
103			黑腹滨鹬	*Calidris alpina*	W	高
104			阔嘴鹬	*Limicola falcinellus*	P	中
105			流苏鹬	*Philomachus pugnax*	P	中
106			红颈瓣蹼鹬	*Phalaropus lobatus*	P	中低
107		三趾鹑科 Turnicidae	黄脚三趾鹑	*Turnix tanki*	S	中
108		燕鸻科 Glareolidae	普通燕鸻	*Glareola maldivarum*	S	中高
109		鸥科 Laridae	黑尾鸥	*Larus crassirostris*	W	中低
110			小黑背银鸥	*Larus fuscus*	W	中
111			西伯利亚银鸥	*Larus smithsonianus*	W	中高
112			黄脚银鸥	*Larus cachinnans*	W	中
113			棕头鸥	*Chroicocephalus ridibundus*	V	中低
114			红嘴鸥	*Larus ridibundus*	W	高
115			黑嘴鸥	*Larus saundersi*	W	中
116			遗鸥	*Ichthyaetus relictus*	P	中低
117			渔鸥	*Ichthyaetus ichthyaetus*	V	中低
118			红嘴巨燕鸥	*Hydroprogne caspia*	P	中低
119			白额燕鸥	*Sterna albifrons*	S	中
120			普通燕鸥	*Sterna hirundo*	P	中
121			灰翅浮鸥	*Chlidonias hybrida*	S	中
122			白翅浮鸥	*Chlidonias leucopterus*	P	中
123	潜鸟目 GAVIIFORMES	潜鸟科 Gaviidae	黑喉潜鸟	*Gavia arctica*	V	中低
124			红喉潜鸟	*Gavia stellata*	V	中低
125	鹱形目 PROCELLARIIFORMES	鹱科 Procellariidae	白额鹱	*Calonectris leucomelas*	V	中低
126	鹳形目 CICONIIFORMES	鹳科 Ciconiidae	黑鹳	*Ciconia nigra*	W	中
127			东方白鹳	*Ciconia boyciana*	W	高

附录 3 疫源水鸟种群监测记录表（样线法）

湿地名称：_____ 湿地类型：_____ 公顷 地点：_____市_____县（区）_____乡（镇）_____村_____组 小地名：_____

样线号：_____ 样线长：_____米 样线宽：_____米 起点：东经 _____°_____′_____″ 北纬 _____°_____′_____″ 终点：东经 _____°_____′_____″ 北纬 _____°_____′_____″

坐标：东经 _____°_____′_____″ 北纬 _____°_____′_____″ 海拔：_____米 集群地面积：_____公顷 栖息地干扰类型及强度：_____

调查人：_____ 调查日期：_____ 开始时间：_____时_____分 结束时间：_____时_____分 天气状况：_____

种名	数量（只）	到样线距离（米）	样点编号	经度	纬度	时间	备注

附录 4 疫源水鸟种群监测记录表（样点法）

湿地名称：_____ 湿地类型：_____ 湿地面积：_____ 公顷 地点：_____ 市 _____ 县（区）_____ 乡（镇）_____ 村 _____ 组 小地名：_____

坐标：东经 _____ ° _____ ′ _____ ″ 北纬 _____ ° _____ ′ _____ ″ 海拔：_____ 米 样点半径：_____ 米 栖息地干扰类型及强度：_____

调查人：_____ 调查日期：_____ 开始计数时间：_____ 时 _____ 分 结束计数时间：_____ 时 _____ 分 天气状况：_____

种名	数量（只）	距样点中心距离（米）	发现时间

附录 5 疫源水鸟调查汇总表

湿地名称：_____ 湿地类型：_____ 公顷 外业时间：__年__月__日 至 __年__月__日
调查人：_____ 填表人：_____ 种类：__种 数量：__只 填表时间：__年__月__日

种名	学名	数量（只）	分布面积（公顷）	栖息地面积（公顷）	备注

附录6 野外样本采集记录表

单位：_____ 时间：_____

地点：_____ 经度：_____ 纬度：_____

采样地地型：☐湖泊　　☐河流　　☐水库　　☐坑塘　　☐农田　　其他：_____

种名：____　居留型：☐留鸟　　☐冬候鸟　　☐旅鸟　　☐夏候鸟　数量：_____

| ☐粪便拭子　数量：____　☐组织样品　数量：____ ||||
| ☐血清样品　数量：____　☐其他　　数量：____ ||||
序号	野鸟名称	样品名称	编号
1			
2			
3			
4			
5			
6			
7			
8			
9			
10			
11			
12			
13			
14			

采样小组负责人签名：

附录 7 安徽省水鸟疫病野外监测记录表

监测日期：年 月 日

监测人：

监测站点							
监测区域			地理坐标				
生境特征							
种类	种群数量	种群特征	症状和数量			异常情况记录	
			症状	死亡数量	其他异常数量	现场初步检查结论	是否取样	现场处理情况	异常动物处理
备注							

填报人：

负责人：

填表说明：

1. 在监测区域内所有监测到的水鸟情况都应填入表内；

2. 监测人：应为经过相关专业培训且具备上岗资格的专职或兼职监测员；

3. 监测站点：应说明某国家级或省级野生动物疫源疫病监测站及所属的某监测点或巡查线路名称，如安徽安庆国家级野生动物疫源疫病监测站—菜子湖监测点；巡查线路起止名称；

4. 监测区域：监测点所负责的监测区域，以当地地名为准；

5. 地理坐标：在保证安全的前提下，尽可能靠近异常死亡的动物并用 GPS 仪定位记录数据；

6. 生境特征：按发现水鸟所在湿地、滩涂和湖泊等类型记录描述；

7. 种类：为物种学名、鉴定名称；

8. 种群特征：种群是否具有迁徙及年龄垂直结构；

9. 症状：有无出血、精神状态、行为状况；

10. 现场初步处理结论：监测人员或兽医；

11. 现场处理情况：是否采取消毒、隔离等现场处理措施；

12. 异常动物处理：对初步检查发现异常的水鸟是否进行取样、掩埋等处理措施。

附录 8　疫源疫病监测信息汇总表

编号：

填报单位：

填报日期：　年　月　日

监测地点	地理坐标	生境描述	监测物种			异常数量		异常情况描述和初检结论	动物防疫现场检测		现场处理情况	异常动物处理情况	监测人
			种类	种群特征	种群数量	死亡	其他		单位名称	结论			

负责人：

填表说明：

1. 监测地点：在日常巡查或定点观测中，野生动物集中地或发现异常情况之地，要准确详细填写；2. 种类：要准确填写；3. 异常数量：死亡和其他的数量；4. 地理坐标：监测地点的 GPS 记录数据；5. 种群特征：种群是否具有迁徙及年龄垂直结构。

填表人：